Mathematische Mussestunden

Eine Sammlung

von

Geduldspielen, Kunststücken und Unterhaltungs-
aufgaben mathematischer Natur

Von

Dr. Hermann Schubert
Professor an der Gelehrtenschule des Johanneums in Hamburg

Zweite, stark vermehrte Auflage

Zweiter Band:

Anordnungs- und Wahrscheinlichkeits-probleme

Leipzig
G. J. Göschen'sche Verlagshandlung
1900

Inhaltsverzeichnis.

I. Abschnitt.

Anordnungs-Probleme.

II. Abschnitt.

Wahrscheinlichkeits-Probleme.

I. Abschnitt.

Anordnungs-Probleme.

§ 1.

Das Problem der 15 Christen und der 15 Türken.

Dieses Problem gab Bachet in der zweiten Auflage seiner „Problèmes plaisants" (Lyon, 1624) in folgender Form auf: „Auf einem Schiffe befanden sich 15 Christen und 15 Türken. Als ein gewaltiger Sturm sich erhoben hatte und das Schiff schon dem Untergang geweiht schien, erklärte der Kapitän, dass, wenn 15 von den 30 auf dem Schiffe befindlichen Personen über Bord geworfen würden, das Schiff und das Leben der übrigen 15 Personen gerettet werden könnte. Diesem Rate wollte man Folge leisten. Man kam überein, diejenigen 15, welche sich für die übrigen opfern sollten, auf folgende Weise zu bestimmen. Alle 30 Personen sollten sich in eine Reihe stellen, dann sollte wiederholt von 1 bis 9 gezählt werden, und immer derjenige über Bord geworfen werden, auf den die Zahl 9 fiel. Dabei sollte der erste als auf den letzten folgend angesehen werden, und nach jedesmaliger Ausscheidung des 9ten sollte bei der in der Reihe zunächst folgenden Person das Zählen von 1 bis 9 von neuem beginnen. Welche Plätze mussten die 15 Christen einnehmen, um zu erreichen, dass sie selbst sämtlich verschont blieben und gerade die 15 Türken ins Meer zu werfen waren?" Dieselbe Aufgabe befindet sich auch vor Bachet bei Tartalea, und später mit verschiedenen Varianten in Zeitschriften, die mathematische Unterhaltungs-Aufgaben enthalten. Die Lösung kann man durch Probieren leicht finden, wenn man sich 30 Striche macht, dann immer von 1 bis 9 zählt, jeden Strich, auf den die Zahl 9 trifft, irgendwie kennzeichnet und beim Weiterzählen nicht versäumt, die so gekennzeichneten Striche zu überspringen. Auf solche Weise findet man die folgende Lösung des Problems:

I I I I T T T T T I I T I I I

T I T T I I T T T I T T I I T

Dies heisst, dass aufeinanderfolgen müssen:

4 Christen, 5 Türken, 2 Chr., 1 T., 3 Chr., 1 T., 1 Chr., 2 T., 2 Chr., 3 T., 1 Chr., 2 T., 2 Chr., 1 T. Bachet fügte dieser Lösung auch ein mnemotechnisches Hilfsmittel bei, nämlich den Vers:

Mort, tu ne falliras pas,
En me livrant le trépas!

Achtet man nur auf die Vokale dieses Verses, so hat man die Reihenfolge o, u, e, a, i, a, a, e, e, i, a, e, e, a, wo man für a als den ersten Vokal des Alphabets 1, für e 2, für i 3, für o 4, für u 5 zu setzen hat, um zu erkennen, wieviel Christen und wieviel Türken immer abwechseln müssen. Ozanam gab einen lateinischen Vers, der in derselben Weise die Lösung kennzeichnet, nämlich:

„Populeam virgam mater regina ferebat."

Ball gab in seinen „Recreations" den folgenden englischen Merk-Vers für die Lösung des Problems:

„From numbers' aid and art
Never will fame depart!"

Ein deutscher Merk-Vers lautet:

„Gott schuf den Mann in Amalek,
Der Israel bezwang!"

Tartalea teilte bei seiner Erörterung des Problems auch die Lösungen der Aufgaben mit, die entstehen, wenn man irgend eine der zehn Zahlen von 3 bis 12 statt 9 einsetzt, und zwar gab er jede der zehn Lösungen durch einen italienischen Vers wieder, der, wie die obigen Verse, durch die Nummern der darin auftretenden Vokale die zu bildende Reihenfolge liefert.

Im Laufe der Zeit hat das Problem manche das Wesen der Sache nicht ändernde Varianten erfahren. In Freunds Rätselschatz (Reklam 1885) sind zwei Varianten aufgeführt. Erstens sind an die Stelle der 30 Schiffbrüchigen 30 Deserteure getreten, von denen 15 erschossen und 15 begnadigt werden sollen. Zweitens sind an die Stelle der 15 Christen und 15 Türken 16 Weise und 16 Neger getreten, die auch zusammen Schiffbruch erlitten haben, und von denen die 16 Neger zu opfern sind, und zwar dadurch, dass nicht der jedesmalige Neunte, sondern der jedesmalige Zehnte über Bord geworfen werden soll. Fasst man als das Wesentliche des Problems nur dies auf, dass n Personen so anzuordnen sind, dass bei Entfernung immer desjenigen, der beim Abzählen als d-ter erscheint, gewisse im voraus bezeichnete Personen übrig bleiben, so lässt sich das Problem noch vor Tartalea weiter zurückverfolgen. Es kommt nämlich dann schon in der Schrift des Hegesippus „De bello Judaico" vor, und zwar im 16ten bis 18ten Kapitel des dritten Buches. Dort wird nämlich erzählt, dass nach der Zerstörung Jerusalems der berühmte jüdische Schriftsteller Josephus sich mit 40 andern Juden in einen Keller geflüchtet hatte, von denen alle, ausgenommen Josephus selbst und einer seiner Freunde, sich selbst töteten, und dass dies auf folgende Weise zugegangen sei. Alle, ausser Josephus und seinem Freunde, erklärten, dass sie lieber sterben, als den Siegern in die Hände fallen wollten. Josephus, der sich scheute, seine Absicht, leben zu bleiben, zu offen auszusprechen, schlug vor, dass die Tötung in einer gewissen Ordnung sich vollziehe. Sie möchten sich alle in eine Reihe stellen und dann solle der jedesmalige Dritte sich selbst den Tod geben, wobei der erste als auf den letzten folgend anzusehen sei. Der Vorschlag wurde angenommen und dadurch, dass Josephus sich auf den 31ten Platz und seinen Freund auf den 16ten Platz stellte, rettete er sein eigenes und seines Freundes Leben, weil von den 41 Personen die übrigen 39 sich, dem angenommenen Vorschlage gemäss, schon vorher getötet hatten, ehe die Abzählung unter den letzten beiden zu beginnen hatte. Dies scheint das älteste Vorkommen des Problems zu sein.

Obwohl das Problem unter uns immer wieder von neuem auflebt, indem die Kinder nicht durch Losen, sondern durch Abzählen denjenigen oder diejenigen bestimmen, welche bei irgend einem Spiele eine besondere Rolle spielen sollen, so hat das Problem dennoch niemals eine mathematische Behandlung erfahren, bis der Verfasser dieses Buches eine solche in der „Naturwissenschaftlichen Wochenschrift" und in den „Mitteilungen der Mathematischen Gesellschaft in Hamburg" vor einigen Jahren veröffentlichte. Die wichtigsten Resultate dieser mathematischen Untersuchungen sollen hier Platz finden.

Das Problem lässt sich in verallgemeinerter Form aussprechen, wie folgt:

Auf einer Kreisperipherie liegen n Punkte, die, der Reihe nach, im Sinne eines Uhrzeigers, durch die Zahlen 1, 2, 3, . . . n — 1, n bezeichnet sind. Man zählt, mit Punkt 1 beginnend, der Reihe nach die Punkte bis zur Zahl d. Der Punkt, den die Zahl d trifft, wird ausgestrichen. Bei der in der Reihe nächstfolgendem Punkte beginnt man wieder zu zählen, und zwar wieder von 1 bis d. Der Punkt, den jetzt die Zahl d trifft, wird auch ausgestrichen, und so setzt man dieses Verfahren fort, bis alle Punkte ausgestrichen sind, wobei man nie versäume, die ausgestrichenen Punkte beim Zählen zu überspringen. Es soll berechnet werden, welche Nummer der Punkt hat, der als erster, welche, der als zweiter, und überhaupt welche Nummer x der Punkt hat, der als e-ter Punkt ausgestrichen wird. Naturgemäss sind n, d, e positive Zahlen. Auch kann d kleiner, gleich oder grösser als n sein. Die Zahl e kann natürlich nicht grösser als n sein. Fragt man, welcher Punkt als letzter ausgestrichen wird, so hat man e = n zu setzen.

Zunächst ergiebt sich sehr einfach, dass, wenn man die gesuchte Nummer des ausgestrichenen Punktes immer mit x bezeichnet, x = d wird, wenn e = 1 und n nicht kleiner als d ist. Wenn ebenfalls e = 1, aber n < d ist, so ist x gleich dem Reste, der übrig bleibt, wenn man d durch n dividiert. Dies ist aus der Art des Abzählens unmittelbar ersichtlich. Damit sind für e = 1 alle Zahlen x bestimmt. Was die Zahlen für e = 2 angeht, so fand der Verfasser, dass dieselben aus denen für e = 1 dadurch hervorgehen, dass man die letzteren um d wachsen lässt; wenn man dabei auf eine Zahl stösst, die grösser als n ist, so hat man n einmal oder öfter zu subtrahieren, bis eine Zahl herauskommt, die nicht grösser als n ist. Doch ergiebt sich auf solche Weise aus einer für e = 1 richtigen Zahl diejenige für e = 2 richtige Zahl, welche sich auf eine um 1 grössere Anzahl von Punkten, also auf n + 1 Punkte, bezieht. Z. B. ist für d = 3, e = 1, n = 3 die gesuchte Zahl x auch gleich 3. Aus x = 3 folgt nun die auf d = 3, e = 2, n = 4 richtige Zahl, indem man d, also hier 3, hinzufügt. Dies giebt 6.

Da aber 6 grösser als 4 ist, so soll man 4 abziehen, wodurch man die Zahl 2 erhält. Dies heisst, dass, wenn man bei vier Punkten immer von 1 bis 3 zählt, die als zweite ausgestrichene Zahl ursprünglich die zweite Stelle einnahm, was man auch leicht durch den Versuch erkennt. Mathematisch lässt sich das vom Verfasser gefundene Gesetz, das die Zahlen für $n + 1$ und $e + 1$ auf die Zahlen für n und e zurückführt, in folgender Weise aussprechen. Das Funktionszeichen f bezeichne die Abhängigkeit der Zahl x von den Zahlen n, d, e. Ferner bezeichne $a \equiv r \pmod{n}$, dass wenn a durch n dividiert wird, der Rest r bleibt, wo r eine der Zahlen von 1 bis n sein muss. Dann lautet unser Gesetz:

$$d + f\,(n, d, e) \equiv f\,(n + 1, d, e + 1) \pmod{n}.$$

Als Beispiel folgen hier alle Zahlen x für $d = 3$, $d = 4$ und $d = 9$ tabellarisch zusammengestellt. Da man immer nur d zu addieren hat und die Summe entweder gar nicht oder um n, oder um 2n u. s. w. zu vermindern hat, so kann man solche Tabellen, ohne Nebenrechnung aus dem Kopfe entwickeln. Die aufeinanderfolgenden Kolumnen beziehen sich auf die Werte von e, die Zeilen auf die Werte von n. Die Addition von d erfolgt in den schrägen Reihen von oben links nach unten rechts. Bei diesen Tabellen beachte man den wichtigen Umstand, dass immer die n Zahlen, die in derselben Zeile mit n stehen, alle Zahlen von 1 bis n umfassen müssen, so dass nie eine solche horizontale Reihe dieselbe Zahl zweimal zeigen kann. Hierdurch ist eine wichtige Kontrolle bei der allmählichen Berechnung der Tabelle gegeben.

Erste Tabelle:

d = 3.

n	e = 1	2	3	4	5	6	7	8	9	10	11	12	.
1	1												.
2	1	2											.
3	3	1	2										.
4	3	2	4	1									.
5	3	1	5	2	4								.
6	3	6	4	2	5	1							.
7	3	6	2	7	5	1	4						.
8	3	6	1	5	2	8	4	7					.
9	3	6	9	4	8	5	2	7	1				.
10	3	6	9	2	7	1	8	5	10	4			.
11	3	6	9	1	5	10	4	11	8	2	7		.
12	3	6	9	12	4	8	1	7	2	11	5	10	.
.	.	.	.	.	.	.	.	.	.	.	.	.	.

Setzt man die dritte Tabelle bis n = 30 fort, so ergiebt die letzte Zeile die Lösung der ursprünglichen Form unseres Problems, bei der n = 30 und e eine der Zahlen 1 bis 15 ist. Man erkennt dann auch, in welcher Reihenfolge die 15 Türken über Bord geworfen werden. Bei Fortsetzung der Tabelle würden nämlich in die Zeile, die sich auf n = 30 bezieht, die folgenden Zahlen kommen:

Zweite Tabelle:

d = 4.

n	e = 1	2	3	4	5	6	7	8	9	10	11	12	.
1	1												.
2	2	1											.
3	1	3	2										.
4	4	1	3	2									.
5	4	3	5	2	1								.
6	4	2	1	3	6	5							.
7	4	1	6	5	7	3	2						.
8	4	8	5	2	1	3	7	6					.
9	4	8	3	9	6	5	7	2	1				.
10	4	8	2	7	3	10	9	1	6	5			.
11	4	8	1	6	11	7	3	2	5	10	9		.
12	4	8	12	5	10	3	11	7	6	9	2	1	.
.	.	.	.	.	.	.	.	.	.	.	.	.	.

9, 18, 27, 6, 16, 26, 7, 19, 30, 12, 24, 8, 22, 5, 23, 11, 29, 17, 10, 2, 28, 25, 1, 4, 15, 13, 14, 3, 20, 21.

Die dritte Tabelle löst alle Fragen, die sich auf d = 9 beziehen. Wenn z. B. in einer Klasse von 14 Schülern derjenige, der irgend ein Amt übernehmen soll, dadurch bestimmt wird, das immer der jedesmalige Neunte ausscheidet und der zuletzt übrig

Dritte Tabelle:

d = 9.

n	e = 1	2	3	4	5	6	7	8	9	10	11	12	13	14	15	16	17	.
1	1																	.
2	1	2																.
3	3	1	2															.
4	1	4	2	3														.
5	4	5	3	1	2													.
6	3	1	2	6	4	5												.
7	2	5	3	4	1	6	7											.
8	1	3	6	4	5	2	7	8										.
9	9	1	3	6	4	5	2	7	8									.
10	9	8	10	2	5	3	4	1	6	7								.
11	9	7	6	8	11	3	1	2	10	4	5							.
12	9	6	4	3	5	8	12	10	11	7	1	2						.
13	9	5	2	13	12	1	4	8	6	7	3	10	11					.
14	9	4	14	11	8	7	10	13	3	1	2	12	5	6				.
15	9	3	13	8	5	2	1	4	7	12	10	11	6	14	15			.
16	9	2	12	6	1	14	11	10	13	16	5	3	4	15	7	8		.
17	9	1	11	4	15	10	6	3	2	5	8	14	12	13	7	16	17	.

bleibende Schüler das Amt bekommt, so kann man ersehen, dass es der 6te der Klasse ist, weil die Tabelle für n = 14, e = 14 die Zahl 6 liefert.

Die bisher auseinandergesetzte Methode, um bei gegebenen Zahlen d, n, e das zugehörige x zu finden, verlangt, dass man erst die Zahlen x für alle Werte, die kleiner als n sind, berechnet, ehe man die auf n selbst bezüglichen x erkennen kann. Es fragt sich nun, ob nicht die Mathematik Mittel liefert, um direkt aus den gegebenen Zahlen d, n, e das zugehörige $x = f(n, d, e)$ zu finden. Dies ist in der That möglich. Um die Lösung des Problems der direkten Ermittelung der Zahl x aus n, d, e verständlich zu machen, müssen wir einige Erklärungen vorangehen lassen. Eine geometrische Reihe ist bekanntlich eine Reihe von Zahlen, bei denen jede folgende aus der unmittelbar vorhergehenden entsteht, indem man diese mit einer und derselben Zahl, dem konstanten Quotienten der Reihe, multipliziert. So ist

$$1, 2, 4, 8, 16, 32$$

eine geometrische Reihe, deren Anfangsglied 1 und deren konstanter Quotient 2 ist. So ist ferner

$$16, 20, 25, 31\tfrac{1}{4}, 39\tfrac{1}{16}$$

eine geometrische Reihe mit dem Anfangsglied 16 und dem konstanten Quotienten $\frac{5}{4}$. Ist der konstante Quotient keine ganze Zahl, sondern ein Bruch, so müssen auch die Glieder der Reihe entweder sofort oder später gebrochene Zahlen werden, gleichviel wie das Anfangsglied heisse. Wenn man nun in diesem Falle, sobald ein Bruch entsteht, immer die nächst grössere ganze Zahl dafür setzt, und dann auch diese ganze Zahl mit dem konstanten Quotienten multipliziert, um das nächste Glied zu erhalten, so bekommt man eine Reihe von lauter ganzen Zahlen, die natürlich nicht mehr eine genaue geometrische Reihe darstellt, und die wir eine ganzzahlige Reihe nennen wollen. Um diese Erklärung zu verdeutlichen, folgen hier einige ganzzahlige Reihen, bei denen immer das Anfangsglied a und der konstante Quotient q genannt ist:

1. $a = 1, q = \frac{4}{3}$ giebt: 1, 2, 3, 4, 6, 8, 11, 15, 20, 27, . .

2. $a = 10, q = \frac{11}{10}$ giebt: 10,11,13,15,17,19,21,24,27, . .

3. $a = 25, q = \frac{6}{5}$ giebt: 25, 30, 36, 44, 53, 64, 77, 93, . .

Nach Feststellung des Begriffs der ganzzahligen Reihe lässt sich das Resultat des Verfassers bezüglich einer direkteren Ermittelung des Wertes von $x = f(n, d, e)$ aus gegebenen Werten von a, n, d, e darstellen, wie folgt:

„Man subtrahiere e von n, multipliziere die Differenz mit d und addiere dann 1. Die so erhaltene Zahl nehme man als Anfangsglied einer ganzzahligen Reihe, als deren Quotient man $\frac{d}{d-1}$ zu nehmen hat. Dann bestimme man in dieser Reihe das grösste von allen Gliedern, die noch nicht grösser als d mal n sind. Der um 1 vermehrte Unterschied zwischen dem so bestimmten Gliede und dem eben genannten Produkte ist stets die genaue Platznummer x.“ Hierzu die folgenden Beispiele:

1. $d = 3$, $n = 14$, $e = 13$. Man hat also 14 Punkte, zählt immer bis 3 und fragt, welcher Punkt als vorletzter ausgestrichen wird. Das Anfangsglied ist $d(n - e) + 1 = 3 . (14 - 13) + 1 = 4$. Der konstante

Quotient ist $\frac{d}{d-1} = \frac{3}{3-1} = \frac{3}{2}$, das Produkt d . n, das grösser sein muss, als das zu wählende Glied der ganzzahligen Reihe, ist $3 . 14 = 42$. Die Reihe beginnt also mit 4, 6, . . . und ist fortzusetzen, bis 42 überschritten wird, also:

4, 6, 9, 14, 21, 32, 48.

Da 48 schon grösser als 42 ist, so ist 32 das grösste Glied, das d.n nicht überschreitet. Nun ist zu rechnen $n - 32 + 1 = 42 - 32 + 1 = 11$. Also scheidet der 11. Punkt als vorletzter aus. Dies ergiebt sich auch aus der ersten unsrer drei Tabellen, wenn wir dort die schräge Reihe der vorletzten Zahlen fortsetzen. Dort steht 5 für $n = 12$, $d = 11$, also kommt 8 für $n = 13$, $d = 12$ und 11 für $n = 14$, $d = 13$, wodurch unsere Berechnung bestätigt wird.

2. $d = 10$, $n = 8$, $e = 8$. Man hat also in einer Kreis-Peripherie 8 Punkte, zählt von einem Anfangspunkt aus immer bis 10, streicht den bei 10 erreichten Punkt aus, und fährt fort, bis alle Punkte ausgestrichen sind, indem man immer die schon ausgestrichenen Punkte nicht mitzählt. Es wird gefragt, der wievielte von den 8 Punkten zuletzt ausgestrichen wird. Das Anfangsglied $d (n - e) + 1$ ist hier 1, der konstante Quotient $\frac{d}{d-1} = \frac{10}{9}$. Man kann die Reihe hier sofort mit 9, 10 beginnen, da die voraufgehenden Glieder ja kleiner als 9 sein müssen. So erhalten wir:

9, 10, 12, 14, 16, 18, 20, 23, 26, 29, 33, 37,
42, 47, 53, 59, 66, 74, 83, . . .

Nun ist d . n = 80. Also ist 74 zu wählen. 80 — 74 + 1 = 7. Also wird der 7. Punkt zuletzt ausgestrichen.

3. Welchen Platz hatte der Türke, der, gemäss der ursprünglichen Fassung des Problems, zuletzt über Bord geworfen wurde. Hier ist d = 9, n = 30, e = 15. Das Anfangsglied d (n — e) + 1 ist 9 . 15 + 1 oder 136, der konstante Quotient ist $\frac{9}{8}$, das Produkt, bis zu welchem die Reihe fortzusetzen ist, 270. Also:

136, 153, 173, 195, 220, 248, 279.

Daher ist 248 zu wählen und 270 — 248 + 1 = 23 zu rechnen. Folglich hatte der letzte über Bord geworfene Türke den 23. Platz, was mit der oben für d = 9 und n = 30 angegebenen Zahlenreihe in Einklang ist.

4. Es sei die oben erwähnte im Rätselschatz von Freund mit No. 269 bezeichnete Aufgabe zu lösen, bei welcher n = 32, d = 10 und e jede der Zahlen 1 bis 16 ist. Bezeichnet man die Werte von x, die für e = 1, 2, 3, . . . 16 herauskommen, mit $x_1, x_2, \ldots x_{16}$, so hat man, um $x_1, x_2, \ldots x_{16}$ zu finden, ganzzahlige Reihen aufzustellen, deren konstanter Quotient übereinstimmend $\frac{10}{9}$ beträgt und deren Anfangsglieder die Zahlen

311, 301, 291, 281, . . . 161

sind. Das massgebende Produkt, das von den gewählten Gliedern der Reihe nicht überschritten werden darf, ist 320. Also ist $x_1 = 1 + 320 - 311 = 10$,

$x_2 = 1 + 320 - 301 = 20$, $x_3 = 1 + 320 - 291 = 30$, was auch unmittelbar ersichtlich ist. Um x_4 bis x_{16} zu finden, haben wir die folgenden ganzzahligen Reihen zu betrachten. Zieht man die letzte Zahl dieser Reihen immer von $1 + 320$ ab, so erhält man die Werte von x_4 bis x_{16}.

281, 313	$x_4 = 321 - 313 = 8$
271, 302	$x_5 = 321 - 302 = 19$
261, 290	$x_6 = 321 - 290 = 31$
251, 279, 310	$x_7 = 321 - 310 = 11$
241, 268, 298	$x_8 = 321 - 298 = 23$
231, 257, 286, 318.	$x_9 = 321 - 318 = 3$
221, 246, 274, 305.	$x_{10} = 321 - 305 = 16$
211, 235, 262, 292.	$x_{11} = 321 - 292 = 29$
201, 224, 249, 277, 308	$x_{12} = 321 - 308 = 13$
191, 213, 237, 264, 294	$x_{13} = 321 - 294 = 27$
181, 202, 225, 250, 278, 309 . . .	$x_{14} = 321 - 309 = 12$
171, 190, 212, 236, 263, 293 . . .	$x_{15} = 321 - 293 = 28$
161, 179, 199, 222, 247, 275, 306 .	$x_{16} = 321 - 306 = 15$

Hierdurch ergiebt sich die Stellung der Weissen und der Neger zu einander aus dem folgenden Schema, wo w bezw. n bedeutet, dass den Platz ein Weisser, bezw. ein Neger einzunehmen hat:

w w n w w w w n w n n n n w n n
w w n n w w n w w w n n n n n w.

Schliesslich sei noch erwähnt, dass, wenn $d = 2$ ist, der konstante Quotient der Reihe $\frac{2}{1} = 2$ wird, sodass eine wirkliche geometrische Reihe entsteht, wodurch die Berechnung des Gliedes dieser Reihe, um das $2n + 1$ vermindert werden muss, sehr erleichtert wird. Ist ausser $d = 2$, auch $e = n$, so hat man einfach $2n + 1$ um die nächst niedere Potenz von zwei zu vermindern. Sind z. B. 100 Personen abzuzählen, indem man immer nur bis 2 zählt, so ergiebt sich die Platznummer desjenigen, der zuletzt allein übrig bleibt, wenn man 201 um die nächst niedere Potenz von 2, also um 128 vermindert. So erhält man, dass der 73te zuletzt übrig bleibt.

Meine obige Lösung des verallgemeinerten Abzähl-Problems veröffentlichte ich auch in den „Mitteilungen der Hamburgischen Mathematischen Gesellschaft". Nachdem sofort Herr E. Busche in Bergedorf einen Beweis des der Lösung zugrunde liegenden zahlentheoretischen Satzes in denselben „Mitteilungen" gegeben hatte, sind noch zwei weitere Abhandlungen über denselben Gegenstand erschienen, nämlich:

1. Ahrens, Über einen zahlentheoretischen Satz des Herrn Schubert in Schloemilchs Zeitschr., Bd. 40;
2. E. Busche, Über die Schubertsche Lösung eines Bachetschen Problems in den Math. Ann., Bd. 47.

§ 2.

Magische Quadrate.

A. Einleitendes.

Das erste magische Quadrat, das im christlichen Abendlande auftritt, befindet sich als Attribut auf dem „Melancholie“ genannten Holzschnitt von Albrecht Dürer. Dasselbe sieht so aus:

1	14	15	4
12	7	6	9
8	11	10	5
13	2	3	16

Diese Anordnung der 16 Zahlen von 1 bis 16 hat die merkwürdige Eigenschaft, dass sich stets dieselbe Summe 34 ergiebt, gleichviel ob man die vier Zahlen addiert, die in jeder der vier horizontalen Reihen stehen oder die vier Zahlen addiert, die in jeder der vier vertikalen Reihen stehen oder endlich die vier Zahlen addiert, die in jeder der beiden diagonalen Reihen stehen. Überhaupt nennt man **magisches Quadrat** ein Quadrat mit n mal n quadratischen Feldern, in denen n mal n aufeinanderfolgende Zahlen, meist die Zahlen von 1 bis n mal n, derartig angeordnet sind, dass die Summe von n Zahlen immer dieselbe ist, gleichviel, ob diese n Zahlen in einer horizontalen, einer vertikalen oder einer diagonalen Reihe zusammenstehen. Wahrscheinlich ist diese auf eine schachbrettartige Figur bezügliche Anordnungs-Aufgabe, sowie das Schachspiel selbst, indischen Ursprungs. Jedenfalls finden wir die Aufgabe bei den Arabern sehr verbreitet, die sie vermutlich von den Indern erhalten haben. Von den Arabern gelangten die magischen Quadrate dann zu den Oströmern. Endlich haben sich seit Albrecht Dürer auch die westeuropäischen Gelehrten mit den Methoden zur Herstellung solcher Quadrate beschäftigt. Das älteste und einfachste magische Quadrat besteht in der quadratischen Anordnung der neun Zahlen 1 bis 9, so dass die Summe in jeder horizontalen, vertikalen und diagonalen Reihe stets dieselbe, nämlich 15, wird. Dieses Quadrat sieht so aus:

6	1	8
7	5	3
2	9	4

In der That ist $6+1+8=7+5+3=2+9+4=6+7+2=1+5+9=8+3+4=6+5+4=8+5+2=15$. Man erkennt mathematisch leicht, dass alle magischen Quadrate der Zahlen von 1 bis 9 die Zahl 5 in der Mitte und die geraden Zahlen in den vier Ecken haben müssen, so dass nur 8 solcher magischen Quadrate möglich sind, die jedoch alle aus einem von ihnen hervorgehen, wenn man dasselbe auf alle mögliche Weise dreht und umkippt. Aus dem Dürerschen Quadrate der Zahlen von 1 bis 16 lassen sich noch viele andere magische Quadrate durch methodische Umstellungen ableiten. Auf einfachste Weise bildet man ein magisches Quadrat der Zahlen von 1 bis 16, indem man sich diese Zahlen zunächst in natürlicher Reihenfolge einschreibt, also so:

1	2	3	4
5	6	7	8
9	10	11	12
13	14	15	16

und indem man dann die Zahlen in den vier Eckfeldern, also 1, 4, 13, 16, und die Zahlen in den vier Mittelfeldern, also 6, 7, 10, 11 stehen lässt, statt jeder der übrigen Zahlen aber die Zahl schreibt, die man erhält, wenn man sie von 17 subtrahiert, also 15 statt 2,

14 statt 3, 12 statt 5, 9 statt 8, 8 statt 9, 5 statt 12, 3 statt 14, 2 statt 15. So erhält man das folgende magische Quadrat:

1	15	14	4
12	6	7	9
8	10	11	5
13	3	2	16

Hier erscheint überall die Summe 34 sowohl aus den horizontalen als auch aus den vertikalen und diagonalen Reihen. Dazu kommt noch die besondere Eigenschaft, dass auch immer vier Zahlen, die um die Mitte herum ein Quadrat oder ein Rechteck bilden, die Summe 34 liefern, z. B. 1, 4, 13, 16 sowie 15, 14, 3, 2, sowie 12, 9, 8, 5, sowie 6, 7, 10, 11 oder auch 15, 9, 2, 8 und 14, 12, 3, 5. Dieses Quadrat entsteht aus dem Dürerschen, wenn man die beiden mittleren Vertikalreihen mit einander vertauscht.

B. Ältere Bildungsarten für ungerade Felderzahl.

Schon seit alter Zeit kennt man Vorschriften, um magische Quadrate auch von mehr als dreimal drei oder vier mal vier Feldern zu bilden. Zunächst lässt sich leicht die Summe berechnen, die sich bei einer gegebenen Felderzahl aus jeder Reihe ergeben muss. Sollen die Zahlen von 1 bis n^2 ein magisches Quadrat bilden und ist x die konstante Summe jeder Reihe, so muss $x \,.\, n$ die Summe aller Zahlen von 1 bis n^2 sein. Nun findet man aber bekanntlich die Summe aller Zahlen von 1 bis m, indem man m mit der nächstfolgenden Zahl $m + 1$ multipliziert und vom Produkte die Hälfte nimmt. Also ist $x \,.\, n = \frac{1}{2} n^2 (n^2 + 1)$ oder

$$x = \tfrac{1}{2} n (n^2 + 1),$$

woraus sich $x = 15$ ergiebt, wenn $n = 3$ ist; $x = 34$, wenn $n = 4$; $x = 65$, wenn $n = 5$; $x = 111$, wenn $n = 6$; $x = 175$, wenn $n = 7$; $x = 260$, wenn $n = 8$; $x = 369$, wenn $n = 9$; $x = 505$, wenn $n = 10$; $x = 671$, wenn $n = 11$ ist, u. s. w.

Die als indisch überlieferte Vorschrift für die Herstellung magischer Quadrate mit ungerader Felderzahl in jeder Reihe, lässt sich folgendermassen aussprechen:

„Man schreibe 1 in die Mitte der obersten Reihe, dann 2 als unterste Zahl der rechts daneben befindlichen Vertikalreihe und schreibe dann die weiteren Zahlen in ihrer natürlichen Reihenfolge diagonal nach rechts oben so ein, dass man nach Erreichung des rechten Randes, am linken Rande in der darüber befindlichen Reihe fortfährt, und nach Erreichung des oberen Randes am unteren Rande in der rechts daneben befindlichen Reihe die Zählung weiterführt, wobei nur noch zu beachten ist, dass man, wenn man auf ein schon besetztes Feld stösst, statt dessen das Feld ausfüllt, das unter dem zuletzt ausgefüllten sich befindet. Auf diese Weise ist z. B. das folgende magische Quadrat der Zahlen von 1 bis 7 mal 7 gebildet, indem man überall die Summe 175 erkennt.

30	39	48	1	10	19	28
38	47	7	9	18	27	29
46	6	8	17	26	35	37
5	14	16	25	34	36	45
13	15	24	33	42	44	4
21	23	32	41	43	3	12
22	31	40	49	2	11	20

Eine weitere Förderung der Theorie der magischen Quadrate und der Methoden zu ihrer Herstellung verdanken wir dem Byzantiner Moschopulos im 14. Jahrhundert, ferner noch dem berühmten Rechenmeister Adam Riese und dem Mathematiker Michael Stifel, die beide in der Mitte des 16. Jahrhunderts lebten. Im 17. Jahrhundert beschäftigten sich mit den magischen Quadraten Bachet de Méziriac und Athanasius Kircher. Um 1700 endlich wurde die Theorie derselben durch die französischen Mathematiker De la Hire und Sauveur erheblich gefördert. In neuerer Zeit bekümmerten sich die Mathematiker weniger um die magischen Quadrate wie überhaupt um derartige Unterhaltungsaufgaben. Doch fasste 1882 Herr Scheffler in Braunschweig seine und andere Studien über magische Quadrate in einem besonderen Buche zusammen.

Am bekanntesten von den verschiedenen Methoden, magische Quadrate mit ungerader Felderzahl zusammenzusetzen, ist ausser der oben erörterten sogenannten indischen die folgende Methode: „Man schreibe die Zahlen nach ihrer natürlichen Reihenfolge in folgender Weise diagonal.

						7						
					6		14					
				5		13		21				
			4		12		20		28			
		3		11		19		27		35		
	2		10		18		26		34		42	
1		9		17		25		33		41		49
	8		16		24		32		40		48	
		15		23		31		39		47		
			22		30		38		46			
				29		37		45				
					36		44					
						43						

Nachdem man so 25 Felder des zu füllenden Quadrats von 49 Feldern ausgefüllt hat, setze man die an jeder Quadratseite ausserhalb befindlichen sechs Zahlen, ohne die Stellung derselben gegen einander zu ändern, genau in die an der Gegenseite befindlichen leer gebliebenen Felder. Nach dieser von Bachet de Méziriac herrührenden Methode entsteht das folgende magische Quadrat der Zahlen von 1 bis 49:

4	29	12	37	20	45	28
35	11	36	19	44	27	3
10	42	18	43	26	2	34
41	17	49	25	1	33	9
16	48	24	7	32	8	40
47	23	6	31	14	39	15
22	5	30	13	38	21	46

C. Neuere Bildungsweisen für ungerade Felderzahl.

Es fragt sich, ob es nicht allgemeinere Bildungsverfahren, als die in B erörterten, giebt, die, wenn möglich, auf alle denkbaren magischen Quadrate von bestimmter Felderzahl führen. Für ungerade Felderzahl ist ein solches allgemeines Bildungsverfahren zuerst von De la Hire angegeben und von Herrn Scheffler in dessen oben citierten Buche vervollkommnet. Um dieses Verfahren kennen zu lernen, wählen wir das Beispiel von fünf mal fünf Feldern. Zunächst formieren wir zwei Hilfsquadrate. In das erste schreiben wir fünf mal die Zahlen von 1 bis 5, in das zweite die Vielfachen von fünf, nämlich 0, 5, 10, 15, 20. Es ist nun zunächst klar, dass durch Addieren jeder der Zahlen von 1 bis 5 mit jeder der Zahlen 0, 5, 10, 15, 20 alle 25 Zahlen von 1 bis 25 entstehen. Es handelt sich also bloss noch darum, die Zahlen so einzubeschreiben, dass durch Addition der beiden Zahlen in zwei entsprechend liegenden Feldern auch wirklich jede Zusammenstellung einmal und auch nur einmal herauskommt, und dass ferner in jeder horizontalen, vertikalen und diagonalen Reihe in jedem Hilfsquadrat jede Zahl auch wirklich erscheint. Dann muss die erforderliche Summe 65 erscheinen, weil die Zahlen von 1 bis 5 zusammen 15 und die Zahlen 0, 5, 10, 15, 20 zusammen 50 ergeben. Man erreicht die erforderliche Art der Einschreibung dadurch, dass man sich 1, 2, 3, 4, 5 (oder 0, 5, 10, 15, 20) cyklisch denkt, d. h. auf 5 folgend wieder 1, und dass man nun, von irgend einer Zahl ausgehend, entweder keine oder immer eine oder zwei u. s. w. Zahlen überspringt. So entstehen Cyklen der ersten bis vierten Ordnung. Z. B. ist 3, 4, 5, 1, 2 ein Cyklus erster Ordnung, 2, 4, 1, 3, 5 ist zweiter Ordnung, 4, 2, 5, 3, 1 ist dritter Ordnung,

1, 5, 4, 3, 2 ist vierter Ordnung. Man hat nun bei beiden Hilfsquadraten zunächst darauf zu achten, dass horizontal in allen Reihen dieselbe Cyklusordnung festgehalten wird und dass dasselbe auch in den vertikalen Reihen geschieht, dass aber die Cyklusordnung horizontal und vertikal verschieden ist. Endlich hat man nur noch darauf zu achten, dass zu denselben Zahlen des einen Hilfsquadrats in dem andern Hilfsquadrat nicht gleiche Zahlen, sondern verschiedene Zahlen zugehören, d. h. in Feldern liegen, die dieselbe Lage in den beiden Quadraten haben. Möglich sind also z. B. die folgenden Hilfsquadrate:

2	4	1	3	5
1	3	5	2	4
5	2	4	1	3
4	1	3	5	2
3	5	2	4	1

und

15	20	0	5	10
5	10	15	20	0
20	0	5	10	15
10	15	20	0	5
0	5	10	15	20

Addiert man nun immer die beiden Zahlen, die in gleichliegenden Feldern stehen, so erhält man das folgende magische Quadrat der Zahlen 1 bis 25:

17	24	1	8	15
6	13	20	22	4
25	2	9	11	18
14	16	23	5	7
3	10	12	19	21

Man erkennt, dass man so eine grosse Menge von magischen Quadraten mit 5 mal 5 Feldern bilden kann. Man hat nämlich nur die beiden Hilfsquadrate auf jede mit den angegebenen Bedingungen verträgliche Art und Weise anzufüllen. Zudem haben die so entstehenden Quadrate noch die besondere Eigentümlichkeit, dass je fünf Zahlen, welche zwei Reihen ausfüllen, die einer Diagonale parallel sind und auf verschiedenen Seiten derselben liegen, auch die konstante Summe 65 liefern, z. B. 3 und 24, 20, 11, 7 oder 1, 22, 18 und 14, 10. Es entsteht also die Summe 65 im ganzen auf 20fache Weise, nämlich aus fünf horizontalen Reihen, aus fünf vertikalen Reihen, aus zwei diagonalen Reihen und aus zweimal vier Paaren von Reihen, die diesen diagonalen Reihen parallel sind. Herr Scheffler hat bewiesen, dass jedes magische Quadrat, das alle diese Bedingungen erfüllt, auch aus zwei Hilfsquadraten in der angegebenen Weise entstehen muss. Mit der Eigentümlichkeit, dass zwei einer Diagonale parallele Reihen von fünf Zahlen auch die konstante Summe 65 liefern, hängt die folgende Eigenschaft solcher magischen Quadrate zusammen. Wenn man neben oder über oder unter ein solches Quadrat dasselbe immer nochmal wieder ansetzt, so liefern beliebige fünf mal fünf Felder, die man willkürlich herausgreift, immer wieder ein richtiges magisches Quadrat. Setzt man z. B. das obige magische Quadrat nach rechts und nach unten weiter fort, so erhält man die umstehende Figur:

Jedes Quadrat von fünf mal fünf Feldern, wie z. B. die beiden fett umzäunten, zeigt die oben erwähnten magischen Eigenschaften, dass nämlich die konstante

17	24	1	8	15	17	24	1	8	15	17	..
6	13	20	22	4	6	13	20	22	4	6	..
25	2	9	11	18	25	2	9	11	18	25	..
14	16	23	5	7	14	16	23	5	7	14	..
3	10	12	19	21	3	10	12	19	21	3	..
17	24	1	8	15	17	24	1	8	15	17	..
6	13	20	22	4	6	13	20	22	4	6	..
25	2	9	11	18	25	2	9	11	18	25	..
..	..	..	..	..	..	..	..	..	..	..	..

Erstes Hilfsquadrat.

1	3	5	7	9	11	2	4	6	8	10
2	4	6	8	10	1	3	5	7	9	11
3	5	7	9	11	2	4	6	8	10	1
4	6	8	10	1	3	5	7	9	11	2
5	7	9	11	2	4	6	8	10	1	3
6	8	10	1	3	5	7	9	11	2	4
7	9	11	2	4	6	8	10	1	3	5
8	10	1	3	5	7	9	11	2	4	6
9	11	2	4	6	8	10	1	3	5	7
10	1	3	5	7	9	11	2	4	6	8
11	2	4	6	8	10	1	3	5	7	9

Summe 65 aus viermal fünf Zahlen erhalten werden kann. Genau so wie eben magische Quadrate von 5 mal 5 Feldern formiert sind, kann man ohne Mühe auch solche von n mal n Feldern formieren, wo n eine ungerade Zahl ist, die grösser als fünf ist. Um noch ein Beispiel für ein grösseres n zu geben, folgt hier ein aus zwei Hilfsquadraten nach der allgemeinen Methode von De la Hire gebildetes Quadrat mit 11 mal 11 Feldern. Statt der Zahlen 1, 2, 3, 4, 5 sind hier natürlich die Zahlen von 1 bis 11 für das erste Hilfsquadrat zu nehmen. In das zweite Hilfsquadrat sind die Zahlen 0, 11, 22, 33, 44, 55, 77, 88, 99, 110 einzuschreiben.

Zweites Hilfsquadrat.

0	33	66	99	11	44	77	110	22	55	88
11	44	77	110	22	55	88	0	33	66	99
22	55	88	0	33	66	99	11	44	77	110
33	66	99	11	44	77	110	22	55	88	0
44	77	110	22	55	88	0	33	66	99	11
55	88	0	33	66	99	11	44	77	110	22
66	99	11	44	77	110	22	55	88	0	33
77	110	22	55	88	0	33	66	99	11	44
88	0	33	66	99	11	44	77	110	22	55
99	11	44	77	110	22	55	88	0	33	66
110	22	55	88	0	33	66	99	11	44	77

Resultierendes Quadrat.

1	36	71	106	20	55	79	114	28	63	98
13	48	83	118	32	56	91	5	40	75	110
25	60	95	9	44	68	103	17	52	87	111
37	72	107	21	45	80	115	29	64	99	2
49	84	119	33	57	92	6	41	76	100	14
61	96	10	34	69	104	18	53	88	112	26
73	108	22	46	81	116	30	65	89	3	38
85	120	23	58	93	7	42	77	101	15	50
97	11	35	70	105	19	54	78	113	27	62
109	12	47	82	117	31	66	90	4	39	74
121	24	59	94	8	43	67	102	16	51	86

D. Gerade Felderzahl.

Bisher haben wir von magischen Quadraten mit gerader Felderzahl nur das von 4 mal 4 Feldern kennen gelernt. Um solche mit höherer gerader Stellenzahl zusammenzusetzen, dienen andere und kompliziertere Methoden als für ungerade Felderzahl. Doch geht man auch hier, wie bei 4 mal 4 Feldern, von der natürlichen Zahlenreihe aus und hat dann teils Ergänzungen zu einer gewissen Zahl, wie 17 bei 4 mal 4, teils Vertauschungen von Zahlen vorzunehmen. Um z. B. ein magisches Quadrat von 6 mal 6 Feldern zu bilden, hat man in die 12 Diagonalfelder die Zahlen einzuschreiben, welche dort nach der natürlichen Reihenfolge wirklich hingehören, dann in die übrigen Felder die

Ergänzungen der dorthin gehörigen Zahlen zu 37 hinzuschreiben und endlich 6 Vertauschungen vorzunehmen. Welche Vertauschungen je zweier Zahlen, die in symmetrischen Feldern stehen, bei ganz beliebiger gerader Felderzahl vorzunehmen sind, damit sich aus allen Reihen eine konstante Summe ergiebt, erkennt man leichter empirisch, als nach einer theoretischen Regel, die De la Hire aufgestellt hat, die aber sehr kompliziert ist. Wir lassen deshalb hier die magischen Quadrate mit 6 mal 6, mit 8 mal 8 und mit 10 mal 10 Feldern hier folgen. Immer stehen in den Diagonalen die Zahlen, die, bei der natürlichen Reihenfolge dort wirklich hingehören. In die sonstigen Felder sind dann, falls 2 n Felder an jeder Quadratseite sich befinden, die Ergänzungen zu $4n^2 + 1$ hinzuschreiben. Darauf sind Vertauschungen vorzunehmen, wie sie aus den folgenden Quadraten erkennbar sind.

Man bemerke, dass die so gebildeten magischen Quadrate mit gerader Felderzahl zwar in den beiden

6 mal 6 Felder.

1	35	34	3	32	6
30	8	28	27	11	7
24	23	15	16	14	19
13	17	21	22	20	18
12	26	9	10	29	25
31	2	4	33	5	36

8 mal 8 Felder.

1	63	62	4	5	59	58	8
56	10	11	53	52	14	15	49
48	18	19	45	44	22	23	41
25	39	38	28	29	35	34	32
33	31	30	36	37	27	26	40
24	42	43	21	20	46	47	17
16	50	51	13	12	54	55	9
57	7	6	60	61	3	2	64

Diagonalen die erforderliche Summe zeigen, nicht aber in zwei zu beiden Seiten einer Diagonale liegenden parallelen Reihen mit 2n Feldern. Ja, es zeigt sich, dass es überhaupt unmöglich ist, bei gerader Felderzahl die Erfüllung der Bedingung zu erreichen, dass auch bei zwei Reihen, die einer Diagonale parallel sind, die konstante Summe herauskommt.

Ausser dem oben erörterten Bildungsgesetze giebt es bei gerader Felderzahl noch andere, die auch zu richtigen magischen Quadraten führen. Die Auseinandersetzung dieser Bildungsgesetze würde hier zuviel Raum kosten. Die Zahl der überhaupt möglichen magischen Quadrate wird dadurch sehr gross. So hat man berechnet, dass bei 4 mal 4 Feldern 880, bei 6 mal 6 Feldern schon viele Millionen magischer Quadrate möglich sind. Auch die Anzahl der nach

10 mal 10 Felder.

1	99	3	97	96	5	94	8	92	10
90	12	88	14	86	85	17	83	19	11
80	79	23	77	25	26	74	28	22	71
31	69	68	34	66	65	37	33	62	40
60	42	58	57	45	46	44	53	49	51
50	52	43	47	55	56	54	48	59	41
61	32	38	64	36	35	67	63	39	70
21	29	73	27	75	76	24	78	72	30
20	82	18	84	15	16	87	13	89	81
91	9	93	4	6	95	7	98	2	100

De la Hire's Methode gebildeten magischen Quadrate mit ungerader Felderzahl wird bald sehr gross. So giebt es bei 7 mal 7 Feldern schon 363 Millionen und 916 800 solcher Quadrate.

Es fragt sich, ob die auf der Bildung zweier Hilfsquadrate beruhende Methode zur Formierung von magischen Quadraten mit ungerader Felderzahl nicht auch auf den Fall übertragen werden kann, dass die Felderzahl gerade ist. Für $2n = 4$ lassen sich in der That zwei Hilfsquadrate derartig zusammensetzen, dass das eine in jeder Reihe die Zahlen 1, 2, 3, 4, das andere die Zahlen 0, 4, 8, 12, enthält, und dass dabei die Paare gleichliegender Felder immer verschiedene Verbindungen einer der Zahlen 1, 2, 3, 4 mit einer der Zahlen 0, 4, 8, 12 aufweisen. Diese Beschaffenheit haben die beiden folgenden Hilfsquadrate, aus ihnen beiden folgt das darunterstehende magische Quadrat.

1	2	3	4
4	3	2	1
2	1	4	3
3	4	1	2

und

0	4	8	12
8	12	0	4
12	8	4	0
4	0	12	8

ergeben:

1	6	11	16
12	15	2	5
14	9	8	3
7	4	13	10

Die Möglichkeit zweier solcher Hilfsquadrate giebt Veranlassung zu einer interessanten Kartenanordnung.

Ordnet man nämlich die obigen Zahlen 1, 2, 3, 4 den Werten Ass, Bube, Dame, König zu, dagegen die Zahlen 0, 4, 8, 12 den Farben Karo, Cœur, Pique, Treff, so erhält man durch Verschmelzung der beiden Hilfsquadrate zu einem einzigen Quadrat eine quadratische Anordnung der 4 Asse, der 4 Buben, der 4 Damen und der 4 Könige derart, dass in jeder horizontalen, vertikalen und diagonalen Reihe jeder Wert und jede Farbe einmal und nur einmal vertreten ist, wie die folgende Figur zeigt, wo K, C, P, T beziehungsweise die Farben Karo, Cœur, Pique, Treff bedeuten, und wo die darum gesetzten Indices 1, 2, 3, 4 beziehungsweise das Ass, den Buben, die Dame und den König bezeichnen sollen:

K_1	C_2	P_3	T_4
P_4	T_3	K_2	C_1
T_2	P_1	C_4	K_3
C_3	K_4	T_1	P_2

Versucht man, für $2n = 6$ zwei solche Hilfsquadrate zusammenzusetzen, so findet man, dass es leicht gelingt, in einem Quadrat die Zahlen 1, 2, 3, 4, 5, 6, im andern die Zahlen 0, 6, 12, 18, 24, 30 in der gewünschten Weise anzuordnen, dass aber dann alle Versuche misslingen, in den 36 Paaren gleichliegender Felder alle 36 Paare der Zahlen 1, 2, 3, 4, 5, 6 mit den Zahlen 0, 6, 12, 18, 24, 30 einzuschreiben. Dagegen lassen sich für jede höhere gerade Felderzahl Hilfsquadrate formieren, die alle Bedingungen erfüllen, die notwendig sind, um aus ihnen ein magisches Quadrat abzuleiten. Nur kann die Zusammensetzung solcher Hilfsquadrate nicht in so einfacher Weise geschehen, wie bei ungerader Felderzahl. Es ist vielmehr sehr mühsam und bedarf vieler Versuche, ehe es gelingt, solche Paare von Quadraten zu formieren. Für $2n = 8$ ist es dem Verfasser gelungen, derartige Paare von Hilfsquadraten zu formieren. Jedes solches Paar stellt eine Lösung der Aufgabe vor, den 64 Feldern eines Schachbretts die 64 Zusammensetzungen der acht Zahlen von 1 bis 8 mit den acht Buchstaben von a bis h so einzuschreiben, dass in jeder der 8 Reihen von links nach rechts, in jeder der 8 Reihen von oben nach unten, und in jeder der beiden Diagonalen jede Zahl und jeder Buchstabe einmal, aber auch nur einmal vorkommt. Diese Aufgabe ist durch die auf S. 37 stehende erste Figur gelöst.

E. Magische Jahreszahl-Quadrate.

Bisher haben wir immer nur von magischen Quadraten gesprochen, in denen die n^2 Zahlen von 1 bis n^2 stehen. Man kann natürlich sich die Aufgabe stellen, irgend welche andere n^2 Zahlen in die Felder einzuschreiben; nur müssen natürlich solche Zahlen irgend welchen Zusammenhang haben. Nimmt

1a	2b	3c	4d	5e	6f	7g	8h
5h	6g	7f	8e	1d	2c	3b	4a
4f	3e	2h	1g	8b	7a	6d	5c
8c	7d	6a	5b	4g	3h	2e	1f
7b	8a	5d	6c	3f	4e	1h	2g
3g	4h	1e	2f	7c	8d	5a	6b
6e	5f	8g	7h	2a	1b	4c	3d
2d	1c	4b	3a	6h	5g	8f	7e

man z. B. statt der Zahlen von 1 bis n^2 die Potenzen von a^1 bis a^{n^2}, so erhält man ein magisches Quadrat, in dem nicht die Summe, sondern das Produkt aller Zahlen jeder Reihe konstant ist. Aus dem magischen Quadrat für 3 mal 3 Felder entsteht so für $a = 2$:

64	2	256
128	32	8
4	512	16

Hier kommt überall das konstante Produkt $2^{15} = 32768$ heraus. Noch einfacher ist es, zu jeder Zahl eines gewöhnlichen magischen Quadrats eine und dieselbe

Zahl b zu addieren. Dann erhält man die aufeinanderfolgenden Zahlen von $b + 1$ bis $b + n^2$ einbeschrieben. Man kann es dann leicht erreichen, dass aus jeder Reihe eine bestimmte, irgendwie interessierende Zahl als Summe herauskommt, etwa eine Jahreszahl. Zwischen der Zahl n der Felder an jeder Quadratseite, der zu addierenden Zahl b und der gewünschten Summe s besteht eine Gleichung, die sich leicht ableiten lässt. Oben ist gezeigt, dass bei einem gewöhnlichen magischen Quadrat aus jeder Reihe sich die Summe $\frac{1}{2} n (n^2 + 1)$ ergeben muss. Für jede Reihe kommt nun $n . b$ hinzu. Also kommt:

$$s = \frac{1}{2} n (n^2 + 1) + n b.$$

Hieraus folgt, dass, falls die Zahl n ungerade ist, sie Teiler von s sein muss. Ist n gerade und von der Form $2^a . m$, wo m ungerade ist, so ergiebt sich, dass s sowohl den Teiler m, wie auch den Teiler 2^{a-1} haben muss. Da 1897 durch 7 teilbar ist, so sind magische Quadrate von 7 mal 7 Feldern möglich, die aus allen Reihen die Summe 1897 geben. Da ferner 1898 durch 13 teilbar ist, so sind magische Quadrate von 13 mal 13 Feldern möglich, die überall die Summe 1898 ergeben. Für 1897 ergiebt sich dann 246 als die Zahl, die zu jeder Zahl eines gewöhnlichen magischen Quadrats von 49 Feldern zu addieren ist. Für 1898 ergiebt sich 61 als die Zahl, die zu jeder Zahl eines gewöhnlichen magischen Quadrats von 169 Feldern zu addieren ist. Solche auf die Jahreszahl 1897 und 1898 bezüglichen magischen Quadrate folgen hier:

Konstante Summe 1897.

250	275	258	283	266	291	274
281	257	282	265	290	273	249
256	288	264	289	272	248	230
287	263	295	271	247	279	255
262	294	270	253	278	254	286
293	269	252	277	260	285	261
268	251	276	259	284	267	292

Konstante Summe 1898.

68	153	82	167	96	181	110	195	124	209	138	223	152
165	81	166	95	180	109	194	123	208	137	222	151	67
80	178	94	179	108	193	122	207	136	221	150	66	164
177	93	191	107	192	121	206	135	220	149	65	163	79
92	190	106	204	120	205	134	219	148	64	162	78	176
189	105	203	119	217	133	218	147	63	161	77	175	91
104	202	118	216	132	230	146	62	160	76	174	90	188
201	117	215	131	229	145	74	159	75	173	89	187	103
116	214	130	228	144	73	158	87	172	88	186	102	200
213	129	227	143	72	157	86	171	100	185	101	199	115
128	226	142	71	156	85	170	99	184	113	198	114	212
225	141	70	155	84	169	98	183	112	197	126	211	127
140	69	154	83	168	97	182	111	196	125	210	139	224

F. Ineinanderliegende magische Quadrate.

Scharfsinn und Geduld hat die Mathematiker auch zu magischen Quadraten geführt, welche die Eigentümlichkeit haben, dass, wenn man nacheinander am Rande je eine Reihe fortnimmt, das übrig bleibende kleinere Quadrat noch immer ein magisches ist, d. h. die Eigenschaft hat, dass alle Reihen dieselbe Summe ergeben. Es mag hier genügen, von solchen Quadraten zwei Beispiele zu liefern, von denen das eine 7 mal 7, das andere 8 mal 8 Felder hat. Die Zahlen innerhalb jeder fettgedruckten Umrahmung bilden Quadrate, die wieder für sich aus jeder horizontalen, vertikalen und diagonalen Reihe gleiche Summen ergeben.

40	1	2	3	42	41	46
38	31	13	14	32	35	12
39	30	26	21	28	20	11
43	33	27	25	23	17	7
6	16	22	29	24	34	44
5	15	37	36	18	19	45
4	49	48	47	8	9	10

Bei dem ersten dieser Quadrate ergiebt das innere kleinere Quadrat von 3 mal 3 Feldern die konstante

Summe 75 und enthält die aufeinanderfolgenden Zahlen von 21 bis 29. Das dieses Quadrat einschliessende Quadrat von 25 Feldern mit den Zahlen von 13 bis 37 ergiebt als Summe 125, während das ganze Quadrat die Summe 175 liefert. Bei dem zweiten dieser Quadrate

1	63	62	4	5	59	58	8
56	15	49	48	44	19	20	9
55	47	25	28	39	38	18	10
11	22	40	37	26	27	43	54
53	42	34	35	32	29	23	12
13	24	31	30	33	36	41	52
14	45	16	17	21	46	50	51
57	2	3	61	60	6	7	64

hat man inwendig die Zahlen von 25 bis 40 mit der Summe 130, dann folgt nach aussen ein Quadrat mit den Zahlen von 15 bis 50 und der Summe 195. Endlich ist dieses Quadrat wieder die Mitte eines gewöhnlichen magischen Quadrats mit den Zahlen 1 bis 64 und der Summe 260.

G. Magische Quadrate mit magischen Teilen.

Zerlegt man ein Quadrat von 8 mal 8 Feldern durch die beiden den Seiten parallelen Mittellinien in vier Teile von je 4 mal 4 Feldern, so kann man die Aufgabe stellen, die Zahlen von 1 bis 64 so einzufügen, dass nicht allein das Ganze ein magisches Quadrat ist, sondern dass auch jeder der vier Teile magisch ist, d. h. aus jeder horizontalen, vertikalen und diagonalen Reihe eine konstante Summe liefert. Diese Aufgabe löst das folgende Beispiel:

58	7	29	36	54	11	17	48
59	6	32	33	55	10	20	45
8	57	35	30	12	53	47	18
5	60	34	31	9	56	46	19
62	3	21	44	50	15	25	40
63	2	24	41	51	14	28	37
4	61	43	22	16	49	39	26
1	64	42	23	13	52	38	27

Schreibt man einem Quadrate von 3 mal 3 Feldern die Zahlen von I bis IX magisch ein und ersetzt dann jede dieser Zahlen wieder durch ein magisches Quadrat von 3 mal 3 Feldern, indem man in das Quadrat I die Zahlen von 1 bis 9, in das Quadrat II die Zahlen von 10 bis 18 u. s. w. magisch einschreibt, so erhält man ein Quadrat von 9 mal 9 Feldern, das nicht bloss als ganzes magisch ist, sondern auch aus 9 Quadraten sich zusammensetzt, die jedes für sich magisch sind. Das so entstehende Quadrat sieht also so aus:

11	18	13	74	81	76	29	36	31
16	14	12	79	77	75	34	32	30
15	10	17	78	73	80	33	28	35
56	63	58	38	45	40	20	27	22
61	59	57	43	41	39	25	23	21
60	55	62	42	37	44	24	19	26
47	54	49	2	9	4	65	72	67
52	50	48	7	5	3	70	68	66
51	46	53	6	1	8	69	64	71

H. Magische Polygone.

Bisher haben wir nur solche Erweiterungen des Problems der magischen Quadrate besprochen, bei denen die geometrische Figur des Quadrats festgehalten war.

Man kann jedoch auch Erweiterungen schaffen, bei denen statt des Quadrats ein Rechteck oder ein Polygon von beliebig vielen Seiten auftritt. Ohne auf die Methoden zur Bildung von magischen Polygonen näher einzugehen, wollen wir hier nur zwei von Herrn Scheffler gelieferte Beispiele anführen:

1. Die Zahlen von 1 bis 32 lassen sich zu 4 mal 8 so in ein Rechteck einschreiben, dass die langen Reihen 132, die kurzen 66 als Summe ergeben, nämlich:

17	15	14	5	4	22	23	32
8	26	6	13	21	3	31	24
25	7	27	20	12	30	2	9
16	18	19	28	29	11	10	1

2. Die Zahlen von 1 bis 73 lassen sich um ein Zentrum, in dem die Zahl 37 steht, zu drei Sechsecken gruppieren, die beziehungsweise 3, 5, 7 Zahlen in jeder Seite enthalten, und nicht allein durch ihre sechs Seiten, sondern auch durch ihre drei Eck-Durchmesser und ihre drei Mittellote zu den Seiten immer dieselbe Summe liefern, nämlich von innen nach aussen 111, 185, 259. (Vgl. nachstehende Figur.)

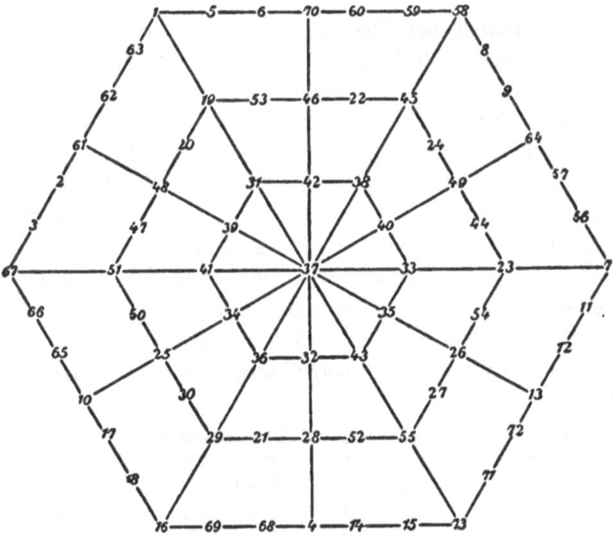

J. Magische Würfel.

Mehrere Forscher, namentlich Kochansky (1686), Sauveur (1710), Hugel (1859) und Scheffler (1882) haben den Gedanken der magischen Quadrate von der Ebene auf den Raum ausgedehnt. Man denke sich einen Würfel durch Ebenen, die parallel den Seitenflächen laufen und gleichen Abstand von einander haben, in lauter würfelförmige Fächer geteilt, und dann denke man sich die Aufgabe gestellt, den Fächern die aufeinanderfolgenden natürlichen Zahlen so einzufügen, dass jede Reihe von links nach rechts, jede von vorn nach hinten, jede von oben nach unten, jede Diagonale eines Quadrats und auch jede durch das Zentrum des Würfels gehende Hauptdiagonale Zahlen enthält, deren

Summe immer dieselbe bleibt. Für 3 mal 3 mal 3 Fächer lässt sich kein solcher magischer Würfel herstellen. Für 4 mal 4 mal 4 Fächer lässt es sich erreichen, dass jede einer Würfelkante parallele Seite und jede Hauptdiagonale die konstante Summe 130 liefert. Um einen magischen Würfel mit 64 Fächern auf der Ebene des Papiers darzustellen, denken wir uns die in die 64 Fächer gehörigen Zahlen oben auf dieselben aufgeschrieben und dann je 16 Zahlen schichtenweise von oben nach unten abgehoben. So erhalten wir vier Quadrate von je 16 Feldern, die zusammen den magischen Würfel darstellen, wie folgendes Beispiel zeigt:

Erste Schicht von oben.

1	48	32	49
60	21	37	12
56	25	41	8
13	36	20	61

Zweite Schicht von oben.

63	18	34	15
6	43	27	54
10	39	23	58
51	30	46	3

Dritte Schicht von oben.

62	19	35	14
7	42	26	55
11	38	22	59
50	31	47	2

Unterste Schicht.

4	45	29	52
57	24	40	9
53	28	44	5
16	33	17	64

Hier erscheint die konstante Summe 130 im ganzen 52 mal, nämlich 16 mal aus den Reihen von links nach rechts, 16 mal aus den Reihen von oben nach unten, 16 mal aus den Reihen von vorn nach hinten und dann noch 4 mal aus den Reihen, die zwei Gegen-Ecken des Würfels verbinden. Dagegen ergeben die Diagonalen der 12 Quadrate, die den Grenzflächen parallel laufen, die Summe nicht.

Für einen Würfel mit 5 mal 5 mal 5 Fächern lässt es sich schon erreichen, dass alle 75 Reihen, die einer Kante parallel sind, dass alle 30 in einer Quadrat-Diagonale liegenden Reihen und alle 4 eine Hauptdiagonale bildenden Reihen, eine und dieselbe Summe, nämlich $\frac{1}{2}n\ (n^3 + 1) = 315$, ergeben. Sowie die magischen Quadrate mit ungerader Felderzahl aus zwei Hilfsquadraten gebildet werden können, so können auch die magischen Würfel aus drei Hilfswürfeln formiert werden. Auf diese Weise ist der folgende magische Würfel mit 5 mal 5 mal 5 Fächern gebildet, bei dem überdies die mittelste Zahl zwischen 1 und 125, näm-

Erste Schicht.					Zweite Schicht.				
121	27	83	14	70	2	58	114	45	96
10	61	117	48	79	36	92	23	54	110
44	100	1	57	113	75	101	32	88	19
53	109	40	91	22	84	15	66	122	28
87	18	74	105	31	118	49	80	6	62

Dritte Schicht.

33	89	20	71	102
67	123	29	85	11
76	7	63	119	50
115	41	97	3	59
24	55	106	37	93

Vierte Schicht.

64	120	46	77	8
98	4	60	111	42
107	38	94	25	51
16	72	103	34	90
30	81	12	68	124

Fünfte Schicht.

95	21	52	108	39
104	35	86	17	73
13	69	125	26	82
47	78	9	65	116
56	112	43	99	5

lich 63, in das mittelste Fach gestellt ist, wodurch den vier Hauptdiagonalen und den 30 Nebendiagonalen die Erhaltung der Summe 315 gesichert wird. Die Bedingung, dass auch, wie bei den magischen Quadraten, die den Nebendiagonalen parallelen Diagonalenpaare dieselbe Summe liefern, ist für $n = 5$ noch nicht erfüllbar, wohl aber bei grösserem n.

§ 3.

Die Spaziergänge der Pensionatsdamen.

Im Jahre 1850 stellte Herr T. P. Kirkmann in dem „Lady' and Gentleman's Diary“ das Problem, anzugeben, in welchen Gruppen 15 Pensionatsdamen in 5 Reihen zu je dreien an den 7 Tagen einer Woche spazieren zu gehen hätten, damit jede mit jeder andern einmal und nur einmal zusammengeht. Die Aufgabe ist schwerer, als sie auf den ersten Blick erscheint, und hat vielerlei Bearbeitungen gefunden, von denen die wichtigsten von Cayley (Philosophical magazine, Juli 1850), von A. H. Frost (Quarterly Journal of Mathematics, 1871), von Austice (Cambridge and Dublin Mathematical Journal, 1852), von Lucas (in seinen Récitations) und von Pièrce (Astronomical Journal de Gould, 1860) herrühren.

Da die Lösung des Problems nicht leicht ist, so wollen wir zunächst einige leichter zu lösende Aufgaben besprechen, die mit der oben gestellten verwandt sind, indem sie aus ihr dadurch hervorgehen, dass man die Zahlen 3 und 5 durch andere Zahlen ersetzt. Der einfachste Fall ist der, dass dafür die Zahlen 2 und 2 eintreten. Es handelt sich also darum, dass 4 Personen in zwei Reihen zu je zweien gehen und jede Person mit jeder andern einmal in derselben Reihe geht. Den 7 Tagen der Pensionats-Aufgabe entsprechen hier drei Tage. Wenn man immer die Personen durch die Zahlen von 1 an bezeichnet und immer Personen, die in derselben Reihe gehen, durch Nebeneinandersetzung der ihnen zugehörigen Zahlen bezeichnet, so lässt sich die Lösung für 2 Reihen zu je Zweien in folgender Weise darstellen:

I	II	III
1 2	1 3	1 4
3 4	2 4	2 3

Nehmen wir allgemein d Personen an, von denen an jedem Tage a zusammengehen sollen, so hat jede von den d Personen im ganzen mit d — 1 Personen zusammenzugehen. Da diese Person an jedem Tage mit a — 1 zusammengeht, so hat sie in t Tagen mit t (a — 1) Personen in einer Reihe zu gehen. Also muss sein:

$$d - 1 = t(a - 1).$$

Im ursprünglichen Kirkmannschen Problem ist $a = 3$, $t = 7$, $d = 15$. In unserm obigen einfachsten Falle ist $a = 2$, $t = 3$, $d = 4$. Ausser der eben abgeleiteten Gleichung ist noch die Bedingung zu erfüllen, dass d durch a teilbar ist, weil, wenn die Zahl der Reihen r ist,

$$a . r = d$$

sein muss. Aus beiden Gleichungen folgt:

$$ar - 1 = t(a - 1).$$

Nehmen wir zunächst $a = 2$ an, so kommt $t = r - 1$, $d = 2r$. Oben war schon der Fall $r = 2$ behandelt. Nehmen wir nun $r = 3$, so heisst dies, dass 6 Personen in drei Reihen zu je Zweien an 5 Tagen gehen sollen, und zwar derartig, dass jede Person mit jeder andern gerade einmal zusammen in derselben Reihe geht. Man erhält sehr leicht:

I	II	III	IV	V
1 2	1 3	1 4	1 5	1 6
3 4	2 6	2 5	2 3	2 4
5 6	4 5	3 6	4 6	3 5

Auch für $r = 4$, also 8 Personen, die in vier Reihen zu je Zweien an 7 Tagen zusammensetzen sollen, ist eine Lösung schnell zu finden, nämlich:

I	II	III	IV	V	VI	VII
1 2	1 3	1 4	1 5	1 6	1 7	1 8
3 4	2 4	2 3	2 6	2 5	2 8	2 7
5 6	5 7	5 8	3 7	3 8	3 5	3 6
7 8	6 8	6 7	4 8	4 7	4 6	4 5

Wir verlassen nun die leicht lösbaren Fälle, wo $a = 2$ ist, und gehen zu $a = 3$ über. Hier muss sein: $d = 3r$, $2t = d - 1 = 3r - 1$, also $t = \frac{1}{2}(3r - 1)$. Also muss r ungerade sein. Da $r = 1$ trivial ist, so beginnen wir mit $r = 3$, also $t = 4$, $d = 9$. In Worten können wir das hierdurch bezeichnete Problem so aussprechen: **Neun Skatspieler sollen an drei Tischen vier Abende hindurch spielen. Wie müssen sie sich zusammensetzen, wenn jeder mit jedem andern einmal zusammenspielen soll?** Auch hier ist die Verteilung leicht zu erkennen:

I	II	III	IV
1 2 3	1 4 7	1 5 9	1 6 8
4 5 6	2 5 8	2 6 7	2 4 9
7 8 9	3 6 9	3 4 8	3 5 7

Der nächste Fall, $r = 5$, $t = 7$, $d = 15$, verlangt, dass 15 Skatspieler an 5 Tischen siebenmal zusammensitzen, so dass jeder mit jedem einmal spielt, oder, was dasselbe ist, dass 15 Pensionatsdamen in 5 Reihen zu je Dreien an 7 Tagen so zusammengehen, dass jede mit jeder einmal in derselben Reihe geht. Dies ist der von Kirkmann aufgestellte Fall. Wollte man versuchen, diesen Fall durch blosses Probieren zu lösen, so würde man sehen, dass für die ersten fünf Tage ohne grosse Schwierigkeit den Bedingungen gemäss die 7 Reihen zu je Dreien zusammengestellt werden können. Dann aber würde man erkennen, dass es nicht gelingt, den sechsten und siebenten Tag zu erledigen, ohne Änderungen in den Reihen vorzunehmen, die sich auf die vorangehenden Tage beziehen. Diese Änderungen rufen weitere Änderungen hervor, so dass man schliesslich erkennen wird, dass man wieder von vorn anfangen muss. Derartigem Probieren stehen methodische Lösungen gegenüber, wie sie Frost, Walecki (cf. Lucas' Récréations) und Pièrce gegeben haben. Am einfachsten ist die von Pièrce, die wir hier in etwas übersichtlicher Form wiedergeben. Man bezeichne die eine von den 15 Damen mit a, 7 weitere Damen mit den arabischen Ziffern von 1 bis 7 und die übrigen 7 Damen mit den römischen Ziffern von I bis VII. Dann handelt es sich darum, eine einzige Zusammenstellung der Zeichen a, 1 bis 7, I bis VII in fünf Reihen zu je Dreien zu finden, die die Eigenschaft hat, dass der Unterschied zweier arabisch oder zweier römisch geschriebener Zahlen in einer und derselben Reihe sich nicht wiederholt, also jeder Unterschied in den fünf Reihen nur einmal vorkommt, und dass dasselbe auch bezüglich einer arabisch und einer römisch geschriebenen Zahl einer und derselben Reihe stattfindet. Hat man eine Zusammenstellung gefunden, die diese Eigenschaft hat, so erhält man die sechs, die mit der ersten zusammen eine Lösung des Problems geben, indem man sowohl in den arabischen Ziffern, wie in den römischen Ziffern cyklisch weitergeht, d. h. immer 1 addiert, und, wenn man dabei auf eine Zahl stösst, die grösser als 7 ist, 7 subtrahiert. Zusammenstellungen von der gewünschten Eigenschaft lassen sich aber viele finden, und durch sie auch Lösungen des Kirkmannschen Problems. Beispielsweise folgen hier drei solcher Zusammenstellungen:

a	1	I	a	1	I	a	1	I
2	4	III	2	4	V	2	7	VI
3	7	V	3	7	II	3	6	IV
5	6	II	5	6	III	4	5	VII
IV	VI	VII	IV	VI	VII	II	III	V

Nimmt man bei jeder dieser Zusammenstellungen den Überschuss einer voranstehenden arabischen Ziffer über eine in derselben Zeile nachfolgende, indem man, wenn die voranstehende Ziffer kleiner ist, sie um 7 vergrössert, so erhält man drei verschiedene Zahlen, z. B. bei der ersten Zusammenstellung $2+7-4=5$, $3+7-7=3$, $5+7-6=6$. Nimmt man ferner für die fünfte Reihe in derselben Weise den Überschuss einer voranstehenden Ziffer über jede nachfolgende, so erhält man wiederum drei verschiedene Zahlen, z. B. bei der ersten Zusammenstellung $4+7-6=5$, $4+7-7=4$, $6+7-7=6$. Nimmt man endlich für jede Reihe in derselben Weise den Überschuss einer arabischen Ziffer über die römische, so erhält man 7 verschiedene Zahlen, z. B. bei der ersten Zusammenstellung nach einander die Zahlen $1-1=0$, $9-3=6$, $4-3=1$, $10-5=5$, $7-5=2$, $5-2=3$, $6-2=4$. Wenn man daher von einer solchen Zusammenstellung aus in den arabischen und in den römischen Ziffern cyklisch fortschreitet, so kann es nie vorkommen, dass zwei Zahlen in einer Reihe zusammenstehen, die schon vorher einmal zusammen in einer Reihe gestanden haben. Wir erhalten demgemäss aus der ersten unserer drei Zusammenstellungen die folgende Lösung des Kirkmann'schen Problems:

Sonntag			Montag			Dienstag			Mittwoch		
a	1	I	a	2	II	a	3	III	a	4	IV
2	4	III	3	5	IV	4	6	V	5	7	VI
3	7	V	4	1	VI	5	2	VII	6	3	I
5	6	II	6	7	III	7	1	IV	1	2	V
IV	VI	VII	V	VII	I	VI	I	II	VII	II	III

Donnerstag			Freitag			Sonnabend		
a	5	V	a	6	VI	a	7	VII
6	1	VII	7	2	I	1	3	II
7	4	II	1	5	III	2	6	IV
2	3	VI	3	4	VII	4	5	I
I	III	IV	II	IV	V	III	V	VI

Will man diese Lösung des Problems in einer Form haben, bei der die 15 Damen durch die Zahlen von 1 bis 15 dargestellt sind, so kann man am einfachsten die arabischen Ziffern stehen lassen, 15 für a setzen und jede römische Ziffer durch diejenige arabische Ziffer ersetzen, die eine um 7 grössere Zahl bezeichnet. So entsteht die obige Lösung in folgender Form:

Sonntag			Montag			Dienstag			Mittwoch		
15	1	8	15	2	9	15	3	10	15	4	11
2	4	10	3	5	11	4	6	12	5	7	13
3	7	12	4	1	13	5	2	14	6	3	8
5	6	9	6	7	10	7	1	11	1	2	12
11	13	14	12	14	8	13	8	9	14	9	10

Donnerstag			Freitag			Sonnabend		
15	5	12	15	6	13	15	7	14
6	1	14	7	2	8	1	3	9
7	4	9	1	5	10	2	6	11
2	3	13	3	4	14	4	5	8
8	10	11	9	11	12	10	12	13

Neuerdings fand Herr A. F. H. Mertelsmann in Hamburg, der das Problem vom Verfasser kennen gelernt hatte, eine umfassende Lösungsmethode, die er im 43. Jahrgang der Schlömilchschen Zeitschr. veröffentlichte, und die mehr als 15 Millionen mal Millionen Lösungen ergiebt, während die Methode von Frost nur auf 15 bis 16 tausend Millionen Lösungen führt. Mit Erlaubnis des Herrn Mertelsmann reproduziere ich im folgenden seine Methode.

Man bezeichne je drei am Sonntage zusammengehende Damen mit gleichen Buchstaben, die durch die Indices 1, 2, 3 unterschieden sind. Die Anordnung für den Sonntag würde also etwa folgendermassen lauten:

$a_1 a_2 a_3$
$b_1 b_2 b_3$
$c_1 c_2 c_3$
$d_1 d_2 d_3$
$e_1 e_2 e_3$

Nunmehr kommt es darauf an, für die übrigen sechs Tage der Woche 6 . 5 = 30 Kombinationen aufzustellen, die den Forderungen des Problems entsprechen. Sehen wir zunächst von den Indices ab, so haben wir zur Bildung der Kombinationen die fünf Elemente a, b, c, d, e. Die Kombinationen mit Wiederholung sind nach den Bedingungen der Aufgabe und in Rücksicht auf die Anordnung am Sonntag ausgeschlossen. Es lassen sich folgende Kombinationen zu je dreien bilden: abc, abd, abe, ade, ace, acd, bcd, bce, bde, cde. Jeder Buchstabe kommt darin 6mal vor. Da an jedem der sechs Tage jeder Buchstabe 3mal auftreten muss, ist jede Kombination 3mal zu verwerten. Das giebt 30 Kombinationen.

Es erübrigt, die Indices in richtiger Weise zu verteilen. Setzen wir jedesmal die drei aus gleichen Elementen gebildeten Kombinationen unter einander, so ist nur nötig, die Ziffern für die erste Kombination jeder Gruppe zu bestimmen; in den beiden folgenden sind die Ziffern cyklisch zu erhöhen.

Wir wählen zuerst die 6 . 3 Kombinationen, welche a enthalten. Dieselben seien so geschrieben, dass je zwei unter einander stehende Gruppen ausser a kein gemeinschaftliches Glied haben.

I.	II.	III.
$a_1 b_1 c_1$	$a_1 b_2 d_2$	$a_1 b_3 e_3$
$a_2 b_2 c_2$	$a_2 b_3 d_3$	$a_2 b_1 e_1$
$a_3 b_3 c_3$	$a_3 b_1 d_1$	$a_3 b_2 e_2$

IV.	V.	VI.
$a_1 d_1 e_1$	$a_1 c_2 e_2$	$a_1 c_3 d_3$
$a_2 d_2 e_2$	$a_2 c_3 e_3$	$a_2 c_1 d_1$
$a_3 d_3 e_3$	$a_3 c_1 e_1$	$a_3 c_2 d_2$

Für jeden einzelnen der mit a_1 verbundenen Buchstaben wählen wir, von links nach rechts fortschreitend, die Ziffern 1, 2, 3; so erscheint b_1 in Gruppe I, b_2 in Gruppe II, b_3 in Gruppe III mit a_1 verbunden, während z. B. d_1, d_2, d_3 nach einander in Gruppe IV, II und VI auftreten.

Es handelt sich weiter um die drei Gruppen, deren Kombinationen mit b beginnen.

VII.	VIII.	IX.
$b_1 c_2 d_3$	$b_1 c_3 e_2$	$b_1 d_2 e_3$
$b_2 c_3 d_1$	$b_2 c_1 e_3$	$b_2 d_3 e_1$
$b_3 c_1 d_2$	$b_3 c_2 e_1$	$b_3 d_1 e_2$

Da b_1 bereits in Gruppe I mit c_1 verbunden, geben wir c in VII die Ziffer 2 und in VIII die Ziffer 3. Für d ergiebt sich dann nach II und VI in VII die Ziffer 3, so dass für IX die Ziffer 2 bleibt. Ähnlich bestimmt sich für e in VIII der Index 2 und in IX der Index 3.

Für die letzte noch übrige Gruppe:

X.

$c_1 d_3 e_2$
$c_2 d_1 e_3$
$c_3 d_2 e_1$

ergiebt sich leicht, dass d die Ziffer 3 und e eine 2 erhalten muss.

Nachdem so 30 Kombinationen richtig gebildet sind, schreiten wir zu der Aufgabe, dieselben auf die sechs Tage Montag bis Sonnabend in entsprechender Weise zu verteilen. Dies kann in dreifacher Weise geschehen.

Erste Anordnung (A_1).

Montag.	Dienstag.	Mittwoch.	Donnerstag.	Freitag.	Sonnabend.
$a_1 b_1 c_1$	$a_1 b_2 d_2$	$a_1 b_3 e_3$	$a_1 d_1 e_1$	$a_1 c_2 e_2$	$a_1 c_3 d_3$
$a_2 b_2 c_2$	$a_2 b_3 d_3$	$a_2 b_1 e_1$	$a_2 d_2 e_2$	$a_2 c_3 e_3$	$a_2 c_1 d_1$
$a_3 d_3 e_3$	$a_3 c_1 e_1$	$a_3 c_2 d_2$	$a_3 b_3 c_3$	$a_3 b_1 d_1$	$a_3 b_2 e_2$
$b_3 d_1 e_2$	$b_1 c_3 e_2$	$b_2 c_3 d_1$	$b_1 c_2 d_3$	$b_2 c_1 d_2$	$b_3 c_2 e_3$
$c_3 d_2 e_1$	$c_2 d_1 e_3$	$c_1 d_3 e_2$	$b_2 c_1 e_3$	$b_3 d_3 e_1$	$b_1 d_2 e_1$

Als erste Reihen schreibe man die mit a_1 gebildeten sechs Kombinationen aus Gruppe I bis VI. Mit a_2 wiederhole man dieselben Buchstaben, während a_3 mit den beiden an dem betreffenden Tage noch nicht aufgetretenen Buchstaben zu verbinden ist. Für die beiden noch fehlenden Reihen ergiebt sich z. B. für Montag, dass b und c noch je einmal, d und e hingegen noch je zweimal auftreten müssen. Also heissen die vierte und fünfte Reihe b d e und c d e. Die dazu gehörende

Bezifferung ergiebt sich aus den zusammengestellten Kombinationen in Gruppe IX und X. Ebenso sind die übrigen Tage leicht zu bilden.

Zwei andere Anordnungen derselben Kombinationen ergeben sich, wenn man, statt a_1 und a_2 an demselben Tage mit gleichen Buchstaben zu kombinieren, a_1 und a_2 oder a_2 und a_3 diese Auszeichnung zu teil werden lässt.

Zweite Anordnung (A_2).

Montag.	Dienstag.	Mittwoch.	Donnerstag.	Freitag.	Sonnabend.
$a_1 b_1 c_1$	$a_1 b_2 d_2$	$a_1 b_3 e_3$	$a_1 d_1 e_1$	$a_1 c_2 e_2$	$a_1 c_3 d_3$
$a_2 d_2 c_2$	$a_2 c_3 e_3$	$a_2 c_1 d_1$	$a_2 b_2 c_2$	$a_2 b_3 d_3$	$a_2 b_1 e_1$
$a_3 b_3 c_3$	$a_3 b_1 d_1$	$a_3 b_2 e_2$	$a_3 d_3 e_3$	$a_3 c_1 e_1$	$a_3 c_2 d_2$
$b_2 d_3 e_1$	$b_3 c_2 e_1$	$b_1 c_2 d_3$	$b_3 c_1 d_2$	$b_2 c_3 d_1$	$b_2 c_1 e_3$
$c_2 d_1 e_3$	$c_1 d_3 e_2$	$c_3 d_2 e_1$	$b_1 c_3 e_2$	$b_1 d_2 e_3$	$b_3 d_1 e_2$

Dritte Anordnung (A_3).

Montag.	Dienstag.	Mittwoch.	Donnerstag.	Freitag.	Sonnabend.
$a_1 b_1 c_1$	$a_1 b_2 d_2$	$a_1 b_3 e_3$	$a_1 d_1 e_1$	$a_1 c_2 e_2$	$a_1 c_3 d_3$
$a_2 d_2 e_2$	$a_2 c_3 e_3$	$a_2 c_1 d_1$	$a_2 b_2 c_2$	$a_2 b_3 d_3$	$a_2 b_1 e_1$
$a_3 d_3 e_3$	$a_3 c_1 e_1$	$a_3 c_2 d_2$	$a_3 b_3 c_3$	$a_3 b_1 d_1$	$a_3 b_2 e_2$
$b_2 c_3 d_1$	$b_1 c_2 d_3$	$b_1 c_3 e_2$	$b_1 d_2 e_3$	$b_2 c_1 e_3$	$b_3 c_1 d_2$
$b_3 c_2 e_1$	$b_3 d_1 e_2$	$b_2 d_3 e_1$	$c_1 d_3 e_2$	$c_3 d_2 e_1$	$c_2 d_1 e_3$

Die bei jeder der drei obigen Lösungen gebrauchten 35 Kombinationen lassen sich endlich noch zu neun verschiedenen Anordnungen, die den Forderungen des Problems entsprechen, verwerten, wenn man nicht mehr an der anfänglichen Ordnung des Sonntags festhält.

B_1

Sonntag.	Montag.	Donnerstag.
$a_1\,a_2\,a_3$	$a_1\,b_1\,c_1$	$a_1\,d_1\,e_1$
$b_1\,c_2\,d_3$	$a_2\,b_2\,c_2$	$a_2\,d_2\,e_2$
$b_2\,c_1\,e_3$	$a_3\,b_3\,c_3$	$a_3\,d_3\,e_3$
$b_3\,d_1\,e_2$	$d_1\,d_2\,d_3$	$b_1\,b_1\,b_3$
$c_3\,d_2\,e_1$	$e_1\,e_2\,e_3$	$c_1\,c_2\,c_3$

Übrige Tage wie A_1.

B_2

Sonntag.	Montag u. Donnerstag.
$a_1\,a_2\,a_3$	wie B_1
$b_3\,c_1\,d_2$	
$b_1\,c_3\,e_2$	
$b_2\,d_3\,e_1$	
$c_2\,d_1\,e_3$	

Übrige Tage wie A_2.

B_3

Sonntag	Montag u. Donnerstag.
$a_1\,a_2\,a_3$	wie B_1
$b_2\,c_3\,d_1$	
$b_3\,c_2\,e_1$	
$b_1\,d_2\,e_3$	
$c_1\,d_3\,e_2$	

Übrige Tage wie A_3.

C_1

Sonntag.	Dienstag.	Freitag.
$a_1\,a_2\,a_3$	$a_1\,b_2\,d_2$	$a_1\,c_2\,e_2$
$b_3\,c_1\,d_2$	$a_2\,b_3\,d_3$	$a_2\,c_3\,e_3$
$b_1\,c_3\,e_2$	$a_3\,b_1\,d_1$	$a_3\,c_1\,e_1$
$b_2\,d_3\,e_1$	$c_1\,c_2\,c_3$	$b_1\,b_2\,b_3$
$c_2\,d_1\,e_3$	$e_1\,e_2\,e_3$	$d_1\,d_2\,d_3$

Übrige Tage wie A_1.

C_2

Sonntag.	Dienstag u. Freitag.
$a_1\,a_2\,a_3$	wie C_1
$b_2\,c_3\,d_1$	
$b_3\,c_2\,e_1$	
$b_1\,d_2\,e_3$	
$c_1\,d_3\,e_2$	

Übrige Tage wie A_2.

C_3

Sonntag.	Dienstag und Freitag.
$a_1\ a_2\ a_3$	wie C_1
$b_1\ c_2\ d_3$	
$b_2\ c_1\ e_3$	
$b_3\ d_1\ e_2$	
$c_3\ d_2\ e_1$	

Übrige Tage wie A_3.

D_1

Sonntag.	Mittwoch.	Sonnabend.
$a_1\ a_2\ a_3$	$a_1\ b_3\ e_3$	$a_1\ c_3\ d_3$
$b_2\ c_3\ d_1$	$a_2\ b_1\ e_1$	$a_2\ c_1\ d_1$
$b_3\ c_2\ e_1$	$a_3\ b_2\ e_2$	$a_3\ c_2\ d_2$
$b_1\ d_2\ e_3$	$c_1\ c_2\ c_3$	$b_1\ b_2\ b_3$
$c_1\ d_3\ e_2$	$d_1\ d_2\ d_3$	$e_1\ e_2\ e_3$

Übrige Tage wie A_1.

D_2

Sonntag.	Mittwoch u. Sonnabend.
$a_1\ a_2\ a_3$	wie D_1
$b_1\ c_2\ d_3$	
$b_2\ c_1\ e_3$	
$b_3\ d_1\ e_2$	
$c_3\ d_2\ e_1$	

Übrige Tage wie A_2.

D_3.

Sonntag.	Mittwoch und Sonnabend.
$a_1\ a_2\ a_3$	wie D_1
$b_3\ c_1\ d_2$	
$b_1\ c_3\ e_2$	
$b_2\ d_3\ e_1$	
$c_2\ d_1\ e_3$	

Übrige Tage wie A_3.

Wünscht man aus einer bekannten Lösung eine andere abzuleiten, so braucht man nur die 15 Glieder durch eine beliebige Permutation derselben zu ersetzen, also etwa

$$\begin{array}{lccccc} & a_1 a_2 a_3 & b_1 b_2 b_3 & c_1 c_2 c_3 & d_1 d_2 d_3 & e_1 e_2 e_3 \\ \text{durch} & b_2 e_3 d_2 & b_3 a_2 d_1 & c_3 e_2 a_1 & c_1 e_1 c_2 & a_3 b_1 d_3 . \end{array}$$

Da die Anzahl dieser Permutationen

1 307 674 368 000

beträgt, so ergeben sich ebensoviele Kombinationsgruppen, deren jede 12 Lösungen liefert. Die Gesamtzahl der Lösungen ist also das Zwölffache jener Zahl, das ist

15 692 092 416 000.

Trotz dieser grossen Zahl von Lösungsmöglichkeiten ist es nicht leicht, zwei Wochen so zusammenzustellen, dass beide keine Kombination gemeinsam haben. Die beiden folgenden Lösungen entsprechen dieser Forderung. Die bezifferten Buchstaben sind hier durch die fortlaufenden Nummern 1 bis 15 ersetzt.

Erste Woche.

Sonntag.			Montag.			Dienstag.			Mittwoch.		
1	2	3	1	4	7	1	5	11	1	6	15
4	5	6	2	5	8	2	6	12	2	4	13
7	8	9	3	12	15	3	7	13	3	8	11
10	11	12	6	10	14	4	9	14	5	9	10
13	14	15	9	11	13	8	10	15	7	12	14

Donnerstag.			Freitag.			Sonnabend.		
1	10	13	1	8	14	1	9	12
2	11	14	2	9	15	2	7	10
3	6	9	3	4	10	3	5	14
4	8	12	5	12	13	4	11	15
5	7	15	6	7	11	6	8	13

Zweite Woche.

Sonntag.			Montag.			Dienstag.			Mittwoch.		
1	2	6	1	4	8	1	5	15	1	9	13
4	5	9	2	5	12	2	9	10	2	3	4
7	8	12	3	7	15	3	6	8	5	7	11
10	11	15	6	10	13	4	7	14	6	12	15
3	13	14	9	11	14	11	12	13	8	10	14

Donnerstag.			Freitag.			Sonnabend.		
1	3	11	1	12	14	1	7	10
2	14	15	2	7	13	2	8	11
4	10	12	3	5	10	3	9	12
5	8	13	4	6	11	5	6	14
6	7	9	8	9	15	4	13	15

Unmöglich scheint es mir, die von Prof. Sylvester aufgestellte Forderung zu erfüllen, die sämtlichen aus den 15 Gliedern möglichen 455 Dreierkombinationen auf die 13 Wochen eines Vierteljahres so zu verteilen, dass während desselben die gleichen 3 Personen nicht mehr als einmal zusammengehen, während für jede einzelne Woche die früheren Forderungen bestehen bleiben.

Frost und andere haben gezeigt, wie man aus einer Lösung des Kirkmannschen Problems für $d = 15$, Lösungen für grössere d ableiten kann. Wir übergehen diese Erweiterungen, um noch den in einfachster Weise lösbaren Fall zu betrachten, wo $r = a$ und eine Primzahl ist. Wir erhalten dann aus der dritten der oben abgeleiteten Grundgleichungen, nämlich aus $ar - 1 = t(a - 1)$, dadurch, dass wir durch $a - 1$ heben, die Gleichung $a + 1 = t$. Wie dann bei beliebigem a eine

Lösung immer bewerkstelligt werden kann, erkennen wir, wenn wir das Beispiel a = 5 eingehend erörtern. Die Anordnung für den ersten der 6 Tage kann man beliebig machen. Wir wählen, der besseren Übersicht wegen, diejenige Anordnung, bei der die Zahlen in ihrer natürlichen Reihenfolge stehen, also:

I.

1	2	3	4	5
6	7	8	9	10
11	12	13	14	15
16	17	18	19	20
21	22	23	24	25

Da nun die Zahlen 1 bis 5 schon in derselben Reihe zusammengewesen sind, so müssen sie an jedem andern Tage in verschiedenen Reihen stehen, also etwa unter einander geschrieben werden. Ebenso ist es mit den Zahlen 6 bis 10 u. s. w. Wenn man daher die Zahlen in jeder Reihe nach der Grösse ordnet, so muss an allen Tagen die erste Vertikalreihe die Zahlen 1 bis 5, die zweite die Zahlen 6 bis 10 u. s. w. enthalten. Man wird daher für den zweiten Tag die Zahlen wieder in ihrer natürlichen Reihenfolge, aber vertikal schreiben, also so:

II.

1	6	11	16	21
2	7	12	17	22
3	8	13	18	23
4	9	14	19	24
5	10	15	20	25

Für jeden folgenden Tag können nun die Zahlen 1 bis 5 wieder dieselben Plätze einnehmen. Was die zweite Vertikalreihe angeht, so muss für die vier noch fehlenden Tage jede der Zahlen von 6 bis 10, aber mit Ausschluss der 6, neben 1 stehen. Wir setzen daher der Reihe nach für den dritten bis sechsten Tag die Zahlen 7 bis 10 neben 1. Wenn wir dann immer in natürlicher Reihenfolge nach unten weiterschreiben, so kommt auch jede der Zahlen 6 bis 10 gerade einmal mit jeder der Zahlen 1 bis 5 zusammen. In die dritte Vertikalreihe des dritten Tages darf nun oben jede der Zahlen von 11 bis 15, aber mit Ausschluss der 11 und 12, gesetzt werden. Wir setzen daher 13 oben hin und schreiben vertikal nach unten in natürlicher Reihenfolge, auf 15 wieder 11 folgen lassend. So fortfahrend, erkennt man, dass die erste Horizontalreihe des dritten Tages mit der Diagonalreihe des zweiten Tages übereinstimmen muss, woraus sich dann die Gruppierung am dritten Tage leicht ergiebt. In derselben Weise lässt sich die Verteilung am vierten Tage aus der am dritten Tage ableiten u. s. w. So erhält man für den dritten bis sechsten Tag:

III.					IV.				
1	7	13	19	25	1	8	15	17	24
2	8	14	20	21	2	9	11	18	25
3	9	15	16	22	3	10	12	19	21
4	10	11	17	23	4	6	13	20	22
5	6	12	18	24	5	7	14	16	23

V.					VI.				
1	9	12	20	23	1	10	14	18	22
2	10	13	16	24	2	6	15	19	23
3	6	14	17	25	3	7	11	20	24
4	7	15	18	21	4	8	12	16	25
5	8	11	19	22	5	9	13	17	21

Man erkennt leicht, dass in derselben Weise das Problem immer gelöst werden kann, wenn die Anzahl der Reihen mit der Anzahl derer, die in einer Reihe zusammen sind, übereinstimmt, und wenn diese Anzahl eine Primzahl ist.

§ 4.

Die Königinnen auf dem Schachbrett.

Beim Schachspiel kann bekanntlich die Königin sowohl parallel einer Schachbrett-Kante, als auch parallel einer Diagonale des Schachbretts laufen und schlagen. Man kann daher fragen, ob es möglich ist, von den 8 mal 8 Feldern des Schachbretts 8 so zusammenzustellen, dass, wenn man jedes dieser acht Felder mit einer Königin besetzte, keine der 8 Königinnen irgend eine andere schlagen könnte, mit andern Worten, dass von den 8 Feldern keine zwei in einer Reihe liegen, die parallel einer Seite oder einer Diagonale des Schachbretts wäre. Diese Frage ist zuerst von Dr. Nauck in Schleusingen gestellt, und zwar in der „Leipziger Illustrierten Zeitung" vom 1. Juni 1850. Nauck selbst teilte am 22. September 1850 in demselben Journal die erste vollständige Lösung mit. Inzwischen hatte der berühmte Mathematiker Gauss von dem Problem gehört, und erörterte dasselbe in seinem bekannten Briefwechsel mit dem Astronomen Schumacher in Altona. Gauss fand zuerst 76 Arten, die 8 Felder auszuwählen, dann 72 Arten und endlich die richtige Zahl, nämlich 92 Arten. Später, im Jahre 1861, wurde dasselbe Problem von dem italienischen Mathematiker Bellavitis

5*

behandelt, und zwar in den Atti dell' Instituto Veneto (Band 6). Bellavitis fand dieselben 92 Lösungen, die schon Gauss angegeben hatte. Im Jahre 1869 stellte der französische Mathematiker Lionnet das Problem der acht Königinnen von neuem auf, und zwar in den Nouvelles Annales de Mathématiques (2 série, tome III, p. 560). Vorher schon, im Jahre 1867, hatten sich die Artillerie-Offiziere Parmentier und Noë damit beschäftigt, die sämtlichen Lösungen methodisch aufzufinden, ohne zu wissen, dass das Problem schon mehrfach vorher behandelt worden war. Sie teilten ihre Lösungsmethode 1879 dem Mathematiker Edouard Lucas mit, der sie in seinen „Récréations" veröffentlichte. Die Geschichte des Problems stellte 1874 Herr Siegmund Günther im Grunertschen Archiv (Band 56, Teil III, S. 291 u. 292) zusammen. Endlich gab Glaisher in Cambridge eine Erörterung des Problems auch in den Fällen, wo statt 8 mal 8 Felder, 5 mal 5, 6 mal 6 oder 7 mal 7 Felder vorliegen (Philos. Magazine, Dezember 1874). Eine ausführliche Behandlung des Problems gab Herr August Pein in seiner Schrift: „Aufstellung von n Königinnen auf einem Schachbrett von n^2 Feldern" (Leipzig 1889). Dort sind alle Lösungen bis $n = 10$ ausführlich zusammengestellt.

Um eine die Besprechung des Problems erleichternde Bezeichnungsweise einzuführen, teilen wir zunächst eine der 92 Lösungen mit. In der folgenden Schachbrettfigur ergeben die durch einen Punkt gekennzeichneten Felder eine richtige Lösung, weil niemals zwei markierte Felder in einer Reihe zusammen sind, die einer Seite oder einer Diagonale des Schachbretts parallel wäre:

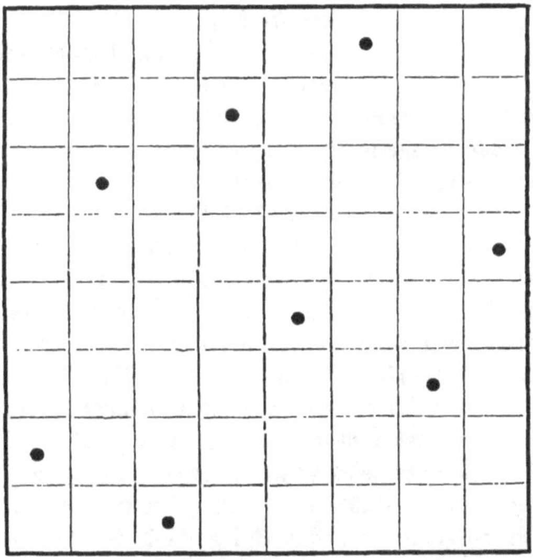

Wir wollen nun festsetzen, dass die wagerechten, von links nach rechts acht Felder umfassenden Linien **Reihen**, die senkrechten, von oben nach unten acht Felder umfassenden Linien **Kolumnen** heissen sollen. Nach den Bedingungen des Problems muss immer auf jeder der acht Reihen und auf jeder der acht Kolumnen ein Feld, aber auch **nur** ein Feld markiert sein. Man kann daher immer eine Lösung dadurch sehr einfach bezeichnen, dass man für die acht Kolumnen in der Reihenfolge von links nach rechts die Zahlen hinschreibt, die angeben, das wievielte Feld, von unten nach oben gerechnet, markiert ist, sodass die durch obige Figur dargestellte Lösung durch die Zahlen-Gruppierung

26 174 835

zu bezeichnen ist. Aus jeder Lösung können noch 7 weitere Lösungen abgeleitet werden. Sie entstehen dadurch, dass man sich das Schachbrett entweder gedreht oder spiegelbildlich denkt. So entsteht aus der obigen Lösung die neue Lösung

68 241 753

dadurch, dass man sich das Schachbrett im Sinne eines Uhrzeigers um eine Viertel-Umdrehung gedreht denkt. Durch Weiterdrehen, immer um eine Viertel-Umdrehung, entstehen noch zwei weitere Lösungen, nämlich:

46 152 837 und 64 285 713.

Aus jeder dieser vier Lösungen entsteht nun noch dadurch eine neue, dass man sich einen auf der Ebene des Schachbretts senkrechtstehenden und diese Ebene in der linken Kante des Schachbretts schneidenden Spiegel vorstellt und das Spiegelbild der Lösung betrachtet. Dadurch entsteht aus jeder Lösung eine solche, deren Bezeichnung dieselben Zahlen, aber genau in umgekehrter Reihenfolge, enthält, also:

53 847 162, 35 714 286, 73 825 164
und 31 758 246.

Greift man irgend zwei von diesen acht zusammengehörigen Längen heraus, so erkennt man, dass man dieselben, auch ohne Hinblick auf die Figur der gekennzeichneten Felder des Schachbretts, ableiten kann, indem man:

1. von den acht Zahlen der einen Lösung die Ergänzungen zur Zahl Neun hinschreibt;
2. die Reihenfolge der acht Zahlen genau umkehrt;

3. nacheinander die Zahlen schreibt, welche angeben, die wievielte Stelle die 1, die wievielte Stelle die 2 u. s. w. hat;
4. mehr als eine dieser drei Umformungen zugleich anwendet.

Um daher aus einer Lösung die sieben hinzugehörigen schnell ableiten zu können, thut man am besten, zuerst die dritte der eben angegebenen Umformungen vorzunehmen, dann zu jeder der beiden nunmehr vorhandenen Lösungen die erste der drei Umformungen zu bewerkstelligen und endlich noch zu jeder der nunmehr vorhandenen vier Lösungen die Reihenfolge der Ziffern umzukehren. Nach dieser Methode entsteht aus der Lösung

26 174 835 zuerst 31 758 246,

aus beiden dann:

73 825 164 und 68 241 753,

und aus den gewonnenen vier Lösungen endlich:

53 847 162, 64 285 713, 46 152 837
und 35 714 286.

Nicht immer giebt auf diese Weise eine Lösung zu 8 Lösungen Veranlassung. Nur die Umkehrung der Ziffern muss notwendig immer eine neue Lösung geben. Dagegen können die beiden andern Umformungs-Mittel zu einer schon gefundenen Lösung zurückführen. So führt z. B. die Lösung

46 827 135

dadurch, dass man von jeder der acht Zahlen die Ergänzungen zu Neun nimmt, zu derselben Lösung, als wenn man die Zahlen in umgekehrter Reihenfolge schreibt nämlich zu

53 172 864.

Wendet man aber die dritte der drei erwähnten Umformungen an, so erhält man eine neue Lösung, nämlich:

64 718 253.

Wir erhalten also im ganzen vier Lösungen, nämlich ausser den gefundenen drei noch die aus der zuletzt angegebenen Lösung durch umgekehrte Reihenfolge der Ziffern entstehende Lösung

35 281 746.

So gehören also entweder 8 oder 4 Lösungen derartig zusammen, dass jede Lösung einer Gruppe die übrigen 7 bezw. 3 durch die eine oder die andere der Umformungen erzeugen kann. Die soeben erörterte Gruppe von 4 Lösungen ist die einzige, die nur 4 Lösungen enthält. Ausserdem giebt es noch 11 Gruppen, deren jede 8 zusammengehörige Lösungen enthält. So entstehen $4 + 11 . 8 = 92$ Lösungen. Diese schon von Gauss angegebenen 92 Lösungen folgen hier, und zwar geordnet nach der Grösse der Ziffern:

15 863 724	16 837 425	17 468 253	17 582 463
24 683 175	25 713 864	25 741 863	26 174 835
26 831 475	27 368 514	27 581 463	28 613 574
31 758 246	35 281 746	35 286 471	35 714 286
35 841 726	36 258 174	36 271 485	36 275 184
36 418 572	36 428 571	36 814 752	36 815 724
36 824 175	37 285 146	37 286 415	38 471 625
41 582 736	41 586 372	42 586 137	42 736 815
42 736 851	42 751 863	42 857 136	42 861 357
46 152 837	46 827 135	46 831 752	47 185 263
47 382 516	47 526 138	47 531 682	48 136 275
48 157 263	48 531 726	51 468 273	51 842 736
51 863 724	52 468 317	52 473 861	52 617 483

52 814 736	53 168 247	53 172 864	53 847 162
57 138 642	57 142 863	57 248 136	57 263 148
57 263 184	57 413 862	58 413 627	58 417 263
61 528 374	62 713 584	62 714 853	63 175 824
63 184 275	63 185 247	63 571 428	63 581 427
63 724 815	63 728 514	63 741 825	64 158 273
64 285 713	64 713 528	64 718 253	68 241 753
71 386 425	72 418 536	72 631 485	73 168 524
73 825 164	74 258 136	74 286 135	75 316 824
82 417 536	82 531 746	83 162 574	84 136 275

Obwohl das Problem der 8 Königinnen auf 92fache Weise gelöst werden kann, ist es doch sehr schwer, durch Probieren auch nur eine einzige Lösung zu finden. Dies begreift man, wenn man bedenkt, dass die Zahlen von 1 bis 8, die in den obigen Zahlen-Gruppierungen auf 92 Arten zusammengestellt sind, sich auf 1 . 2 . 3 . 4 . 5 . 6 . 7 . 8, also auf 40 320 Arten überhaupt zusammenfassen lassen, sodass die Wahrscheinlichkeit, dass eine willkürliche Zusammenstellung der Zahlen 1 bis 8 gerade eine Lösung des Problems der acht Königinnen darstellt, etwa $\frac{1}{438}$ ist.

Die obige Tabelle lässt sich genau in der angegebenen Reihenfolge der 92 Lösungen durch ein methodisches Probieren auf folgende Weise finden. Man setzt zunächst eine Königin auf das unterste Feld der ersten Kolumne, die zweite Königin auf das unterste Feld von allen denjenigen Feldern der zweiten Kolumne, die nun noch möglich sind, also zunächst auf das dritte Feld. Ebenso behandelt man jede weitere Kolumne. Dann wird man bald dazu kommen, kein Feld einer Kolumne mehr zu finden, das nach den Bedingungen des Problems noch besetzbar wäre. Man muss dann diesen Versuch als gescheitert betrachten und, auf die zweite Kolumne zurückgehend, das vierte statt des dritten Feldes benutzen. Auch dieser Versuch wird scheitern, und man wählt nun das fünfte Feld der zweiten Kolumne. Dieser Versuch wird erst dann gelingen, wenn man in der dritten Kolumne das achte Feld besetzt. So findet man als erste Lösung schliesslich 15 863 724. Auch mit dem sechsten Felde der zweiten Kolumne wird ein Versuch gelingen. Bei der Besetzung des siebenten Feldes ergeben sich dann zwei verschiedene Lösungen, dagegen gar keine bei der Besetzung des achten Feldes. So erhält man die vier Lösungen, bei denen das Feld links unten besetzt ist und die den Anfang der obigen Tabelle der 92 Lösungen bilden. Genau so methodisch weiter probierend, beginnt man mit dem zweiten Felde der ersten Kolumne und erhält allmählich dann acht Lösungen, bis man schliesslich für das in der ersten Kolumne gewählte achte Feld die vier Lösungen erhält, die den Schluss unserer Tabelle bilden. Scharfsinniger als diese Methode, die im wesentlichen nur in einem ordnungsmässigen Probieren besteht, erweist sich die von La Noë angegebene Methode, welcher von den vier Feldern ausgeht, die um die Mitte gruppiert sind, dann die 12 Felder betrachtet, die, diesen zunächst benachbart, sie ringförmig umgeben u. s. w. So erhält man ausser dem Mittelquadrat noch drei Umzäunungen von bezw. 12, 20, 28 Feldern. Besetzt man nun eins der Felder des Mittelquadrats willkürlich, so erkennt man sofort, dass die nächste Umzäunung nur auf zweifache Weise von zwei Königinnen besetzbar ist. Probiert man auf diese Weise weiter bis zu der äussersten Umzäunung, so erhält man die 92 Lösungen auf leichtere und elegantere Art als nach der ersten Methode.

An das Problem der acht Königinnen schliesst sich die weitere Frage an, welche sieben weitere Felder zu besetzen sind, wenn schon ein willkürlich gewähltes Feld durch eine Königin besetzt ist. Es bezeichne (a b) ein Feld, das von einer Kante des Schachbretts a Felder, von einer dazu senkrechten Kante b Felder entfernt ist. Wenn nun eine Königin auf einem der vier Eckfelder steht, die also nach unserer Bezeichnung (11) heissen, so erkennt man, dass dann nur auf vierfache Weise sieben weitere Felder so besetzt werden können, wie es das Problem vorschreibt. Ist aber (21) das erste besetzte Feld, so gehören dazu 8 Lösungen, und überhaupt ist die Zahl der Lösungen:

4	für (11)	als erstes besetztes Feld.
8	für (21)	
16	für (31)	
18	für (41)	
16	für (22)	
14	für (32)	
8	für (42)	
4	für (33)	
12	für (43)	
8	für (44)	

Berücksichtigt man nun noch, dass durch (11), (22), (33), (44) je vier Felder, durch die andern Symbole je acht Felder bezeichnet werden, so erhält man:

$$4 . (4 + 16 + 4 + 8)$$
$$+ 8 . (8 + 16 + 18 + 14 + 8 + 12) = 736$$

als die Summe aller Lösungen. Diese Zahl 736 lässt sich auch aus der Lösungszahl 92 des Hauptproblems ableiten. Denn jede der 92 Lösungen giebt zu 8 Lösungen in dem neuen Sinne Veranlassung, und 92 . 8 ist 736.

Oben ist immer nur das Problem der Königinnen auf dem eigentlichen Schachbrett von 8 mal 8 Feldern behandelt. Schon Günther und Glaisher haben jedoch das Problem auch für weniger quadratisch geordnete Felder behandelt. Bei den Lösungen für n mal n Felder hat man ebenso, wie oben bei den Lösungen für 8 mal 8 Felder, zu beachten, dass aus einer Lösung meist 7 neue durch Drehung oder durch Spiegelung oder durch beides zugleich abgeleitet werden können, dass aber möglicher Weise durch solche Umformung nur drei neue Lösungen abgeleitet werden können. Wir fügen hinzu, dass es bei n mal n Feldern auch vorkommen kann, dass aus einer Lösung nur eine einzige neue ableitbar ist. Ein solcher Fall tritt z. B. bei $n = 5$ ein. Wie man auch die folgende Lösung 25 314 durch Drehung und Spiegelung umformen mag, immer tritt dieselbe Lösung wieder auf, oder die durch Umkehrung der Reihenfolge der Ziffern entstehende Lösung:

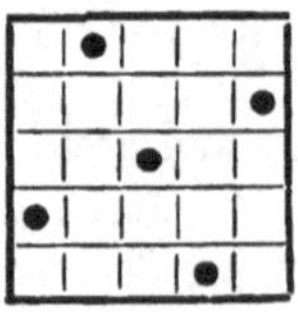

Hiernach wird man also bei n mal n Feldern drei Arten von fundamentalen Lösungen unterscheiden, nämlich erstens solche, die wegen der möglichen Umformungen 8 Lösungen darstellen, zweitens solche, die 4 Lösungen, drittens solche, die 2 Lösungen darstellen. Nach dem Vorgange von Lucas wollen wir diese fundamentalen Lösungen beziehungsweise unregelmässig, halbregelmässig und regelmässig nennen. Die 92 Lösungen des Haupt-Problems, das sich auf 8 mal 8 Felder bezieht, bilden hiernach 12 fundamentale Lösungen, nämlich 11 unregelmässige und 1 halbregelmässige Lösung.

Falls $n < 4$ giebt es überhaupt keine Lösung.

Wenn $n = 4$ ist, haben wir eine regelmässige fundamentale Lösung, also 2 Lösungen überhaupt, nämlich:

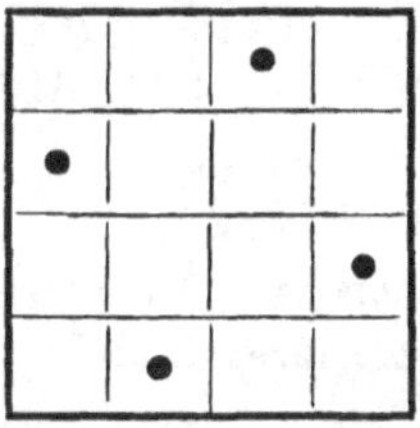

und

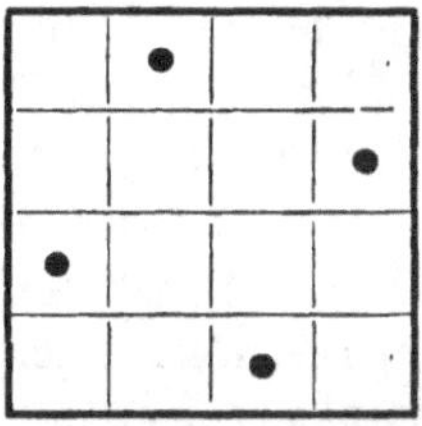

Wenn $n = 5$ ist, haben wir zwei fundamentale Lösungen, nämlich die eine oben erwähnte regelmässige und eine unregelmässige, also im ganzen 10 Lösungen. Die unregelmässige Lösung sieht so aus:

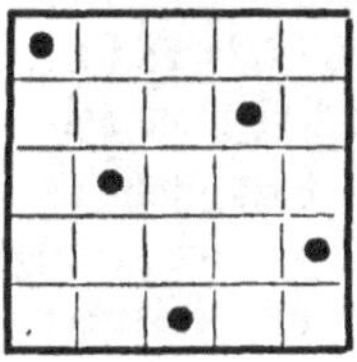

Wenn $n = 6$ ist, giebt es nur eine fundamentale Lösung, nämlich eine halbregelmässige, im ganzen also 4 Lösungen. Die halbregelmässige lautet:

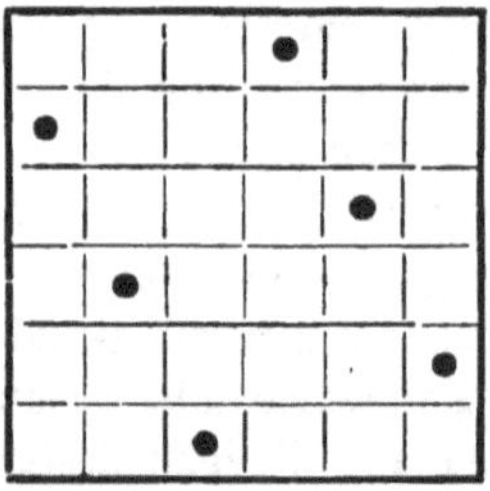

Wenn $n = 7$ ist, giebt es 6 fundamentale Lösungen, nämlich 4 unregelmässige und 2 halbregelmässige, im ganzen also 40 Lösungen. Die vier unregelmässigen Lösungen lauten, in Ziffern ausgedrückt:

6 427 531, 1 642 753, 2 753 164, 4 752 613,

ferner lauten die beiden halbregelmässigen:

3 164 275 und 6 314 752.

Für $n = 9$ hat Herr Schonte in Groningen das Problem behandelt, er erhielt im ganzen 352 Lösungen, von denen eine lautet:

751 693 842.

Für $n = 10$ hat Herr Delannoy die Lösungen aus denen von Schonte abgeleitet. Er erhielt 724 Lösungen, von denen eine lautet:

97 531 z8 642,

wo z die Zahl zehn bedeuten soll.

Herr Ball fügte bezüglich der Lösung für $n = 6$ und $n = 10$ hinzu, dass, wenn allgemein $n = 4m + 2$ ist, immer eine Lösung existiert, deren Ausdruck in

Zahlen aus den ungeraden Zahlen von $4m + 1$ bis 1 und den geraden Zahlen von $4m + 2$ bis 2 besteht.

Mit Hilfe der Bezeichnung der Lösungen durch Zahlengruppen, kann man dem Problem der Königinnen auf dem Schachbrett auch eine rein arithmetische Fassung geben, die es gestattet, von der Figur des Schachbretts ganz abzusehen. Wenn man nämlich die Zahlen von 1 bis 8 in allen möglichen Anordnungen schreibt, so erhält man $1.2.3.4.5.6.7.8 = 40320$ Gruppen. Diese Gruppen würden die sämtlichen Lösungen der Aufgabe darstellen, nicht 8 Königinnen, sondern 8 Türme so auf das Schachbrett zu stellen, dass keiner den andern schlagen kann. Es handelt sich also darum, diejenigen Gruppen auszuscheiden, in denen zwei, sich auf zwei Felder beziehende Zahlen vorkommen, deren Verbindungslinie einer Diagonale parallel ist. Zwei solche Zahlen müssen sich aber um ebensoviel unterscheiden, wie die Nummern, die sie in der Reihenfolge von links nach rechts einnehmen. So kann also das von 8 auf n verallgemeinerte Problem der Königinnen auf dem Schachbrett in arithmetischer Fassung ausgesprochen werden, wie folgt: „Die Zahlen von 1 bis n in solcher Reihenfolge zu schreiben, dass jede der sämtlichen möglichen $\frac{1}{2}n(n-1)$ Differenzen zweier der Zahlen absolut verschieden ist von der Differenz der Zahlen, die angeben, die wievielten diese Zahlen in der gewählten Reihenfolge sind. So ist für $n = 5$ die Reihenfolge

41352

eine richtige Lösung, weil $4 - 1$ verschieden ist von $2 - 1$, ebenso $4 - 3$ von $3 - 1$, $5 - 4$ von $4 - 1$,

4—2 von 5—1, 3—1 von 3—2, 5—1 von 4—2, 2—1 von 5—2, 5—3 von 4—3, 3—2 von 5—3, 5—2 von 5—4.

Obwohl das Problem der 8 Königinnen jetzt bald ein halbes Jahrhundert alt ist, so wird es doch immer noch wieder von unternehmungslustigen Verlegern als neues Geduldspiel auf den Markt gebracht. So wurde es z. B. am 16. Juli 1889 als deutsches Reichs-Patent angemeldet und unter Nr. 914 gesetzlich geschützt.

§ 5.

Ewiger Kalender für Wochentage und Osterdaten.

Zu den Problemen der Anordnung gehört auch die Herstellung übersichtlicher Tabellen, aus welchen man ohne Rechnung den Wochentag leicht ersehen kann, auf den irgend ein Datum eines beliebigen Jahres gefallen ist, bezw. fallen wird. Eine sehr einfache Einrichtung dieser Art rührt vom Verfasser her, und ist unter dem Namen „Panchronist“ verbreitet. Der Panchronist ist aus Pappe oder Kartonpapier hergestellt und enthält zwei bewegliche, mit Pfeilen versehene Streifen, von denen der eine von links nach rechts, der andere von oben nach unten verschiebbar ist. Schiebt man den letzten so, dass sein Pfeil auf das Jahrhundert weist, den erstern so, dass sein Pfeil auf das Jahr im Jahrhundert hinzeigt, so erscheint vor einem der gesamte Wochentags-Kalender des betreffenden Jahres. Ferner hat der Verfasser einen ewigen Kalender hergestellt, der keine beweglichen Streifen enthält und doch aus einigen Tabellen sowohl den Wochentag jedes beliebigen Datums, wie auch die christlichen Fest-Daten jedes beliebigen Jahres leicht finden lässt. Dieser ewige Kalender, auf Pappe gedruckt und zum Anhängen geeignet, ist bei Herold in Hamburg verlegt. Die folgenden Seiten enthalten einen Abdruck desselben.

A. Ewiger Wochen-

Jahrhunderte alten Stils				I.						
0 . .	7 . .	14 . .	.	c	d	e	f	g	a	b
1 . .	8 . .	15 . .	.	b	c	d	e	f	g	a
2 . .	9 . .	16 . .	.	a	b	c	d	e	f	g
3 . .	10 . .	17 . .	.	g	a	b	c	d	e	f
4 . .	11 . .	18 . .	.	f	g	a	b	c	d	e
5 . .	12 . .	19 . .	.	e	f	g	a	b	c	d
6 . .	13 . .	20 . .	.	d	e	f	g	a	b	c
Die **fett** gedruckten Zahlen bezeichnen die Jahre, die im alten und im neuen Stil Schaltjahre sind. Von den Jahreszahlen, die mit 00 endigen, bezeichnen Schaltjahre im alten Stil alle, im neuen Stil nur die durch 400 teilbaren. Der erste Tag des neuen Stils war in der kath. Kirche d. 15. Okt. 1582, im protest. Deutschland der 1. März 1700.			Jahrgang im Jahrhundert	00	01	02	03		**04**	05
				06	07		**08**	09	10	11
					12	13	14	15		**16**
				17	18	19		**20**	21	22
				23		**24**	25	26	27	
				28	29	30	31		**32**	33
				34	35		**36**	37	38	39
					40	41	42	43		**44**
				45	46	47		**48**	49	50
				51		**52**	53	54	55	
				56	57	58	59		**60**	61
				62	63		**64**	65	66	67
					68	69	70	71		**72**
				73	74	75		**76**	77	78
				79		**80**	81	82	33	
				84	85	86	87		**88**	89
				90	91		**92**	93	94	95
					96	97	98	99		
26 . .	22 . .	18 . .		a	b	c	d	e	f	g
25 . .	21 . .	17 . .		c	d	e	f	g	a	b
24 . .	20 . .	16 . .		e	f	g	a	b	c	d
23 . .	19 . .	15 . .		f	g	a	b	c	d	e

Bei-

1. 1898 (n. St.) = d, d Dezember 25 = Sonntag;
3. 1848 (n. St.) = e, e **Januar** 1 = Sonnabend;
5. 800 (a. St.) = b, b Dezember 25 = Freitag;

tagskalender.

II.							
Jan. i. Schj.	g	a	b	c	d	e	f
Feb. i. Schj.	d	e	f	g	a	b	c
Jan. i. Gmj.	f	g	a	b	c	d	e
Feb. i. Gmj.	c	d	e	f	g	a	b
März	c	d	e	f	g	a	b
April	g	a	b	c	d	e	f
Mai	e	f	g	a	b	c	d
Juni	b	c	d	e	f	g	a
Juli	g	a	b	c	d	e	f
August	d	e	f	g	a	b	c
September	a	b	c	d	e	f	g
Oktober	f	g	a	b	c	d	e
November	c	d	e	f	g	a	b
Dezember	a	b	c	d	e	f	g
1. 8. 15. 22. 29.	M	Di	Mi	Do	Fr	Sd	Sg
2. 9. 16. 23. 30.	Di	Mi	Do	Fr	Sd	Sg	M
3. 10. 17. 24. 31.	Mi	Do	Fr	Sd	Sg	M	Di
4. 11. 18. 25.	Do	Fr	Sd	Sg	M	Di	Mi
5. 12. 19. 26.	Fr	Sd	Sg	M	Di	Mi	Do
6. 13. 20. 27.	Sd	Sg	M	Di	Mi	Do	Fr
7. 14. 21. 28.	Sg	M	Di	Mi	Do	Fr	Sd

Abkürzungen.
Sg = Sonntag. M = Montag, Di = Dienstag, M = Mittwoch, Do = Donnerstag, Fr = Freitag, Sd = Sonnabend.

Schlüssel.
Man finde in I den Buchstaben, in dem die Reihe des Jahrhunderts und die Reihe des Jahrgangs sich kreuzen. Den gefundenen Buchst. suche man in II hinter dem Monat und gehe vertikal nach unten bis zu der horizontalen Reihe, in der die Datumzahl steht.

spiele:
2. 1099 (a. St.) = d, d Juli 15 = Freitag;
4. 1970 (n. St.) = b, b Sept. 2 = Mittwoch;
6. 1572 (a. St.) = a, a August 24 = Sonntag.

B. Ewiger Fest-

III.

Jahrhunderte alten Stils.																				
19..	0..	1	2	3	4	5	6	7	8	9	10	11	12	13	14	15	16	17	18	19
20..	1..	6	7	8	9	10	11	12	13	14	15	16	17	18	19	1	2	3	4	5
21..	2..	11	12	13	14	15	16	17	18	19	1	2	3	4	5	6	7	8	9	10
22..	3..	16	17	18	19	1	2	3	4	5	6	7	8	9	10	11	12	13	14	15
	4..	2	3	4	5	6	7	8	9	10	11	12	13	14	15	16	17	18	19	1
	5..	7	8	9	10	11	12	13	14	15	16	17	18	19	1	2	3	4	5	6
	6..	12	13	14	15	16	17	18	19	1	2	3	4	5	6	7	8	9	10	11
	7..	17	18	19	1	2	3	4	5	6	7	8	9	10	11	12	13	14	15	16
	8..	3	4	5	6	7	8	9	10	11	12	13	14	15	16	17	18	19	1	2
	9..	8	9	10	11	12	13	14	15	16	17	18	19	1	2	3	4	5	6	7
	10..	13	14	15	16	17	18	19	1	2	3	4	5	6	7	8	9	10	11	12
	11..	18	19	1	2	3	4	5	6	7	8	9	10	11	12	13	14	15	16	17
	12..	4	5	6	7	8	9	10	11	12	13	14	15	16	17	18	19	1	2	3
	13..	9	10	11	12	13	14	15	16	17	18	19	1	2	3	4	5	6	7	8
	14..	14	15	16	17	18	19	1	2	3	4	5	6	7	8	9	10	11	12	13
	15..	19	1	2	3	4	5	6	7	8	9	10	11	12	13	14	15	16	17	18
	16..	5	6	7	8	9	10	11	12	13	14	15	16	17	18	19	1	2	3	4
	17..	10	11	12	13	14	15	16	17	18	19	1	2	3	4	5	6	7	8	9
	18..	15	16	17	18	19	1	2	3	4	5	6	7	8	9	10	11	12	13	14
Jahrgang im Jahrhundert. →		00	01	02	03	04	05	06	07	08	09	10	11	12	13	14	15	16	17	18
		19	20	21	22	23	24	25	26	27	28	29	30	31	32	33	34	35	36	37
		38	39	40	41	42	43	44	45	46	47	48	49	50	51	52	53	54	55	56
		57	58	59	60	61	62	63	64	65	66	67	68	69	70	71	72	73	74	75
		76	77	78	79	80	81	82	83	84	85	86	87	88	89	90	91	92	93	94
		95	96	97	98	99														
Jahrhunderte neuen Stils.																				
15..		2	14	51	16	17	18	19	20	21	22	23	24	25	26	27	28	29	30	1
16..		18	19	20	21	22	23	24	25	26	27	28	29	30	1	2	14	15	16	17
17..		12	13	14	15	16	17	18	19.	20	21	3	4	5	6	7	8	9	10	11
18..		17	18	19	20	21	3	4	5	6	7	8	9	10	11	12	13	14	15	16
19..		22	23	24	25	26	27	28	29	30	1	2	3	4	5	6	7	19	9	10
20..		27	28	29	30	1	2	3	4	5	6	7	19	9	10	22	23	24	25	26
21..		2	3	4	5	6	7	19	9	10	22	23	24	25	26	27	28	29	30	1

Schlüssel.

Um das Datum des Ostersonntags für ein beliebiges Jahr zu finden, bestimme man einerseits aus I (Wochentagskalender) den Buchstaben des Jahres, andererseits aus III die dem Jahre zugehörige Zahl in derselben Weise. Da, wo in IV die vertikale Reihe des aus I bestimmten Buchstabens die horizontale Reihe der aus III gefundenen Zahl kreuzt, steht

kalender.

IV.

	a	b	c	d	e	f	g
1	6	12	11	10	9	8	7
2	**30**	**29**	**28**	**27**	**26**	1	**31**
3	20	19	18	17	16	15	14
4	6	5	4	3	9	8	7
5	**23**	**29**	**28**	**27**	**26**	**25**	**24**
6	13	12	11	17	16	15	14
7	6	5	4	3	2	1	**31**
8	20	19	25	24	23	22	21
9	13	12	11	10	9	8	14
10	**30**	**29**	**28**	3	2	1	**31**
11	20	19	18	17	16	22	21
12	6	5	11	10	9	8	7
13	**30**	**29**	**28**	**27**	**26**	**25**	**31**
14	13	19	18	17	16	15	14
15	6	5	4	3	2	8	7
16	**23**	**22**	**28**	**27**	**26**	**25**	**24**
17	13	12	11	10	16	15	14
18	**30**	5	4	3	2	1	**31**
19	20	19	18	24	23	22	21
20	13	12	11	10	9	8	7
21	**30**	**29**	**28**	**27**	2	1	**31**
22	20	19	18	17	16	15	21
23	6	5	4	10	9	8	7
24	**30**	**29**	**28**	**27**	**26**	**25**	**24**
25	13	12	18	17	16	15	14
26	6	5	4	3	2	1	7
27	20	19	25	24	23	22	21
28	13	12	11	10	9	15	14
29	**30**	**29**	4	3	2	1	**31**
30	20	19	18	17	23	22	21
	a	b	c	d	e	f	g

V.

Ostern	Pfingsten
März	Mai
22	10
23	11
24	12
25	13
26	14
27	15
28	16
29	17
30	18
31	19
1	20
2	21
3	22
4	23
5	24
6	25
7	26
8	27
9	28
10	29
11	30
12	31
13	1
14	2
15	3
16	4
17	5
18	6
19	7
20	8
21	9
22	10
23	11
24	12
25	13
April	Juni

das gesuchte Osterdatum, und zwar bedeuten dabei die **fett** gedruckten Ziffern den Monat März, die übrigen den Monat April. — Z. B.: 1) 1282 = b 10 = 29. März; 2) 1898 (n. St.) = d 20 = 10. April.

Es dürfte nicht überflüssig erscheinen, an dieser Stelle auf die jetzt brennend werdende Frage einzugehen, ob das neunzehnte Jahrhundert mit dem 31. Dez. 1899 oder mit dem 31. Dezember 1900 zu Ende geht. Obwohl eine sehr einfache Überlegung diese Frage dahin entscheidet, dass der 31. Dezember 1900 der letzte Tag des Jahrhunderts ist, so ist doch bei jedem Jahrhundert-Wechsel über die Frage, wann das neue Jahrhundert anfängt, hin- und hergestritten worden. Der Grund, warum immer wieder die Ansicht auftritt, dass 1899 das letzte Jahr unseres Jahrhunderts sein müsse, liegt hauptsächlich wohl darin, dass, nach Ablauf des Jahres 1899, der Mensch sich gewöhnen muss, beim Schreiben der Jahreszahl 9 statt 8 als Hundertziffer zu setzen, was natürlich der Gewohnheit widerspricht, und ihn dazu verführt, die neue Schreibweise mit dem neuen Jahrhundert in Zusammenhang zu bringen. Dass aber trotzdem das 19. Jahrhundert erst mit dem letzten Tage des Jahres 1900 schliesst, macht man sich am leichtesten dadurch klar, dass man sich die Frage vorlegt, welches das erste Jahr des ersten Jahrhunderts unserer Zeitrechnung war. Da ein Jahr Null nicht existiert, so war es natürlich das Jahr 1 unserer Zeitrechnung. Also war das Jahr 99 das 99. Jahr des ersten Jahrhunderts. Demnach war mit dem Jahre 99 das erste Jahrhundert noch nicht zu Ende, sondern erst mit dem 100. Jahre desselben, d. h. mit dem Jahre 100 unserer Zeitrechnung. Wenn aber am 31. Dezember des Jahres 100 das erste Jahrhundert zu Ende war, so war mit dem 31. Dezember des Jahres 200 das zweite Jahrhundert zu Ende, und so fort bis zum Jahre

1900, dessen letzter Tag das 19. Jahrhundert abschliesst. Man kann sich die Sache auch dadurch klar machen, dass man das Verleben eines Jahres mit dem Aufrauchen einer Zigarre vergleicht. Wenn Jemand 19 Kisten Zigarren, zu je hundert, stehen hat, und sie nacheinander aufraucht, so beginnt er doch erst dann eine neue Kiste, wenn er die hundertste Zigarre der vorigen Kiste aufgeraucht hat, und er hat seinen Vorrat von 19 Kisten doch nicht mit der 1899. Zigarre, sondern erst mit der 1900. verbraucht. Ebenso ist das 19. Jahrhundert erst mit dem 1900. Jahre unserer Zeitrechnung vorüber, welches Jahr erst vollständig zu Ende sein muss, ehe das ganze Jahrhundert zu Ende ist.

Trotz dieser auf der Hand liegenden Überlegung werden viele Menschen den 31. Dezember 1899 als den letzten Tag unseres Jahrhunderts ansehen und feiern. Nun, mögen sie den Tag feiern, aber nicht als den letzten Tag des Jahrhunderts, sondern als den letzten Tag des letzten Jahres eines Zeitraums, in welchem man jedes Jahr mit den Anfangsziffern 18 bezeichnete.

Die historische Chronologie nimmt als Beginn unserer Zeitrechnung einen Moment an, nämlich den Moment, in welchem das Geburtsjahr Christi zu Ende war, und ein neues Jahr, das Jahr 1, anfängt. Man datiert dann von diesem Moment an rückwärts, und nennt das Geburtsjahr Christi das erste Jahr vor dem Nullpunkt unserer Zeitrechnung. Hieraus folgt aber, dass vom 1. Juli des ersten Jahres vor Christi Geburt bis zum 1. Juli des ersten Jahres nach Christi Geburt nicht 2 Jahre verflossen sind, sondern nur 1 Jahr. Ebenso sind also vom a-ten Jahre vor Christi Geburt bis zum b-ten Jahre nach Christi Geburt nicht a + b, sondern a + b — 1 Jahre verflossen. Dies wird oft, selbst von Historikern, übersehen, z. B., wenn sie die Zahl der Regierungsjahre des ersten römischen Kaisers Augustus angeben. Augustus wurde römischer Kaiser durch die Schlacht bei Actium am 2. September des Jahres 31 vor Christi Geburt. Er starb am 19. August des Jahres 14 nach Christi Geburt. Er hat also nicht, wie man vielfach liest, 45 Jahre regiert, sondern etwas weniger als 31 + 14 — 1, d. h. 44 Jahre.

Um bei astronomischen Berechnungen dem auszuweichen, dass vom a-ten Jahre vor dem Nullpunkt der Zeitrechnung bis zum b-ten Jahre nach demselben, nicht a + b, sondern a + b — 1 Jahre gerechnet werden müssen, nehmen die Astronomen ein Jahr „Null" an, das mit dem ersten Jahre vor unserer Zeitrechnung identisch ist. Das bte Jahr nach Christi Geburt nennen sie dann das Jahr „+ b", und das Jahr, das die Historiker als ates vor Christi Geburt bezeichnen, wird astronomisch das Jahr „— (a — 1)" genannt. Z. B. regierte Augustus bei astronomischer Bezeichnung vom Jahre „minus 30 bis plus 14", woraus sich durch blosse Addition von 30 und 14 die richtige Zahl 44 der Regierungsjahre ergiebt.

§ 6.

Ewiger Kalender für Neumond und Vollmond.

Der zuverlässigste Wegweiser für chronologische Forschungen ist die Astronomie. Denn der Zeitrechnung aller Völker liegen die Bewegungen des Mondes und der Sonne zu Grunde. In erster Linie ist es der Unterschied von Tag und Nacht und die Wiederkehr der Jahreszeiten, was den Menschen zu einer Einteilung der Zeit geführt hat, in zweiter Linie aber auch die regelmässige Wiederkehr der Phasen des Mondes In unserer Einteilung des Jahres in zwölf Monate haben wir noch ein Überbleibsel von dem Mondjahr, jener Jahrform, deren sich die Chinesen und Inder, die Hebräer, Babylonier und Assyrer, die Syrer, Araber und Türken, sowie noch manche andere Völker einst bedienten oder noch bedienen. Da aber das aus 12 Mondumläufen bestehende Mondjahr etwas mehr als 354 Tage umfasst, während das Jahr, die Umlaufszeit der Erde um die Sonne, aus etwas mehr als 365 Tagen besteht, so sind komplizierte Rechnungen erforderlich, um das Datum einer Begebenheit aus einer Zeitrechnung in eine andere zu übertragen. Aber auch abgesehen von der Zeitrechnung nach Mondjahren spielt der Mond bei der Erzählung von Begebenheiten oft eine wichtige Rolle, indem z. B. ein nächtlicher Überfall durch die Helligkeit des Vollmonds begünstigt oder verhindert wurde. Deshalb ist die Bestimmung der Tage, an denen Neumond oder Vollmond eintrat, für jedes beliebige Jahr, von grosser Wichtigkeit. Der Verfasser hat nun in dem hier folgenden ewigen Mondkalender eine Methode niedergelegt, die es auch dem Laien ermöglicht, für jeden Monat in jedem Jahre jedes beliebigen Jahrhunderts das Neumonds- oder Vollmonds-Datum mühelos zu berechnen.*) Diese Methode verlangt nichts weiter, als die Addition zweier Zahlen und die Verminderung der Summe um eine dritte Zahl. Die drei Zahlen sind dem Jahrhundert, dem Jahrgang im Jahrhundert und dem Monat zugeordnet und in den drei Tabellen des Mondkalenders fettgedruckt. Bezüglich der Benutzung der Tabellen sind noch folgende Bemerkungen zu beachten:

1. Wenn man das aus den drei Tabellen hervorgehende Resultat um 15 oder 44 vermehrt oder vermindert, erhält man ein Vollmonds-Datum.

2. Für unser Jahrhundert (18 . .) und neuen Stil braucht man die Jahrhundert-Tabelle gar nicht zu berücksichtigen, da bei 18 . . die Zahl 0 steht.

3. Für die Zeit vor Christi Geburt hat man die fettgedruckten Zahlen der Jahrhundert-Tabelle und der Jahrgangs-Tabelle negativ zu rechnen, so dass alle drei

*) In etwas anderer Weise habe ich schon im Jahrgang 1889/90 der Zeitschrift „Vom Fels zum Meer“ einen ewigen Mondkalender zusammengestellt.

Zahlenreihen subtraktiv zu nehmen sind. Man muss dann das gefundene negative Resultat zunächst noch weiter um die Zahl 3 vermindern, und dann 29½, 59 oder 88½ addieren, um ein Neumonds-Datum zu erhalten, dagegen 15, 44 oder 74 addieren, um ein Vollmonds-Datum zu erhalten. Die Jahre vor Christi Geburt sind nach astronomischem Gebrauche zu rechnen, d. h. man hat sich den Kalender des alten Stils so nach rückwärts fortgesetzt zu denken, dass dem ersten Jahre unserer Zeitrechnung ein mit 0 bezeichnetes Jahr vorangeht, so dass z. B. das Jahr 423 vor Christi Geburt als minus 422 zu rechnen ist.

4. Die durch die drei Tabellen gelieferten Daten weichen von den wahren astronomischen Daten nicht mehr als um einen halben, selten um einen ganzen Tag ab.

5. Der ewige Mondkalender hat für viele Jahrtausende vor und nach Christi Geburt Gültigkeit. Für Jahre so ferner Vergangenheit oder so ferner Zukunft muss man die Jahrhundert-Tabelle sich derartig fortsetzen, dass man erst 4½, dann 4, dann 4½ addiert, und dann wieder 4½, 4, 4½ u. s. w. zuzählt. Ferner muss man beim neuen Stil immer noch ausserdem 1 zuzählen, wenn beim Wechsel des Jahrhunderts ein Schalttag ausfällt. Wird die erreichte Zahl grösser als 29, muss man sofort 29½ subtrahieren. Beim neuen Stil würde also die Tabelle I folgende Fortsetzung haben: 22 . . = **20½**, 23 . . = **25½**, 24 . . = **½**, 25 . . = **6**, 26 . . = **11**, 27 . . = **16½**, 28 . . = **21**.

Den beiden in dem Schlüssel gegebenen Beispielen fügen wir noch 6 Beispiele hinzu, die sich auf historische oder astronomische Begebenheiten beziehen.

1. Oktober 1758 (n. St.) $= 24 + 18\frac{1}{2} - 11\frac{1}{2} = 31$, $31 - 15 = 16$. Am 16. Oktober 1758 war Vollmond. Folglich war während des nächtlichen Überfalls bei Hochkirch am 14. Oktober 1758 fast Vollmond.

2. Januar 1544 $= 4\frac{1}{2} + 23 - 3 = 24\frac{1}{2}$. Am 24. oder 25. Januar 1544 war Neumond. Dieser Neumond veranlasste die in Deutschland total sichtbar gewesene Sonnenfinsternis des 24. Januar 1544.

3. August 1572 $= 4\frac{1}{2} + 14 - 9\frac{1}{2} = 9$, $9 + 15 = 24$. Am 24. August 1572, also auch noch in der Bartholomäus-Nacht war Vollmond.

4. August 1887 (n. St.) $= 0 + 28 - 9\frac{1}{2} = 18\frac{1}{2}$. Am 18. bis 19. August war Neumond. Dieser Neumond veranlasste die Sonnenfinsternis, die in den Morgenstunden des 19. August 1887 eintrat, für Mittel-Deutschland total war, aber leider verregnete.

5. Januar 1077 $= 12\frac{1}{2} + 18\frac{1}{2} - 4 = 27$. Am 27. Januar 1077 war Neumond. Also hatte Heinrich IV., als er zu Canossa im Büsserhemd stand (Ende Januar 1077), keinen Mondschein.

6. Oktober des Jahres — 2155 $= -1 - 21\frac{1}{2} - 3 - 11\frac{1}{2} = -37$. Ferner $-37 + 59 = 22$. Am 22. Oktober des Jahres — 2155 war Neumond. Dieser Neumond veranlasste die älteste uns überlieferte Sonnenfinsternis unter dem von 2159 bis 2146 vor Christi Geburt regierenden chinesischen Kaiser Tschung-hang am 22. Oktober des Jahres — 2155.

Ewiger Mondkalender.

I.

Alter Stil	Jahrhundert	Neuer Stil
28	0..	
3	1..	
7	2..	
11½	3..	
16	4..	
20	5..	
24½	6..	
29	7..	
3½	8..	
8	9..	
12½	10..	
16½	11..	
21	12..	
25½	13..	
0	14..	
4½	15..	**14½**
9	16..	**19**
13	17..	**24**
17½	18..	**0**
22	19..	**5½**
26	20..	**9½**
1	21..	**15**

II.

Jahrgang für alten u. neuen Stil						
00	19	38	57	76	95	**0**
01	20	39	58	77	96	**18½**
02	21	40	59	78	97	**7½**
03	22	41	60	79	98	**26½**
04	23	42	61	80	99	**15½**
05	24	43	62	81		**4½**
06	25	44	63	82		**23**
07	26	45	64	83		**12½**
08	27	46	65	84		**1½**
09	28	47	66	85		**20**
10	29	48	67	86		**9**
11	30	49	68	87		**28**
12	31	50	69	88		**17**
13	32	51	70	89		**6**
14	33	52	71	90		**24½**
15	34	53	72	91		**14**
16	35	54	73	92		**3**
17	36	55	74	93		**21½**
18	37	56	75	94		**11**

III.

Monat für alten und neuen Stil	
Januar i. Schaltj.	**3**
Februar i. Schaltj.	**4½**
Januar i. Gemeinj.	**4**
Februar i. Gemeinj.	**5½**
März	**4**
April	**5½**
Mai	**6**
Juni	**7½**
Juli	**8**
August	**9½**
September . . .	**11**
Oktober	**11½**
November . . .	**13**
Dezember . . .	**13½**

Im alten Stil sind Schaltjahre solche Jahre, deren Zahl durch 4 teilbar ist. Im neuen Stil sind Schaltjahre solche Jahre, deren Zahl nicht auf 00 endigt und durch 4 teilbar ist, ausserdem solche Jahre, deren Zahl durch 400 teilbar ist. Alle übrigen Jahre sind Gemeinjahre. 1900 ist also i. a. St. Schaltj., im n. St. Gemeinj. — Gemeinjahre haben 28 Tage i. Febr., Schaltj. 29.

Schlüssel.

Von der Summe der in I und II dem Jahrhundert und dem Jahrgang beigesetzten fettgedruckten Zahlen subtrahiere man die in III dem Monat beigesetzte fettgedruckte Zahl. Dann ist das erhaltene Resultat, nötigenfalls um 29½ vermehrt oder vermindert, das Datum eines Neumonds. Z. B.:

1) 1897 Dezember (n St) = 0 + 7½ − 13½ + 29½ = 23½. Der Eintritt des Neumonds war am 23. Dezember abends gegen 9 Uhr.

2) 1572 August = 4½ + 14 − 9½ = 9. Am 9. August 1573 war Neumond.

§ 7.

Zwei Dinge zu raten, die in angegebenen Reihen liegen.

(Mutus dedit nomen cocis.)

Das alte und sehr verbreitete Kartenkunststück „Mutus dedit nomen cocis“ besteht bekanntlich darin, dass der Ratende 10 Paare Karten aufdeckt, von denen man sich ein Paar merken soll. Nachdem der Ratende dann die 20 Karten in gewisser Weise in 4 Reihen zu je 5 hingelegt hat und gehört hat, in welcher Reihe bezw. welchen beiden Reihen das gemerkte Paar liegt, ist er imstande, anzugeben, welches die beiden gemerkten Karten sind. Er nimmt die Karten nämlich so zusammen, dass immer die Karten eines Paares zusammenbleiben, denkt sich dann die 5 Buchstaben jedes der 4 Wörter „M u t u s d e d i t n o m e n c o c i s“ in 4 Reihen auf den Tisch geschrieben, und legt die Karten jedes Paares so, dass sie auf zwei gleiche Buchstaben zu liegen kommen. Wird ihm nun gesagt, dass die gemerkten Karten beide in der ersten Reihe liegen, so ist es die zweite und vierte, weil in Mutus nur der zweite und vierte Buchstabe, nämlich u, derselbe ist. Lägen die Karten beide in der zweiten Reihe, so müsste die erste und dritte das Paar bilden, weil in dedit der ersten nd dritte Buchstabe gleich ist, u. s. w. Hörte man ferner, dass die beiden gemerkten Karten in der ersten und zweiten Reihe liegen, so müsste man den Buchstaben suchen, der in Mutus und dedit zugleich vorkommt. Man fände, dass es das t ist, woraus man zu schliessen hätte, dass die dritte Karte der ersten Reihe und die fünfte der zweiten Reihe das gemerkte Paar bilden. Ebenso würde man aus der Angabe „zweite und vierte Reihe" wegen des gemeinsamen Buchstabens i finden, dass die vierte Karte der zweiten Reihe mit der vierten Karte der vierten Reihe das gemerkte Paar zusammensetzen, u. s. w. Der Erfolg dieses Kunststücks beruht darauf, dass die 10 Buchstaben, die in Mutus dedit nomen cocis, jeder zweimal, vorkommen, sich derartig verteilen, dass erstens jedes Wort einen Buchstaben doppelt enthält, und dass zweitens je zwei Reihen immer einen Buchstaben gemeinsam haben.

Es liegt nahe, dieses kleine Kunststück, dessen Geschichte dem Verfasser unbekannt ist, auf beliebig viele Reihen auszudehnen. Obwohl man statt der Karten natürlich beliebige Dinge setzen kann, wollen wir doch, der Einfachheit des Ausdrucks wegen, Kartenpaare als die zu ratenden Dinge betrachten. Sollen n Reihen gelegt werden, so müssen in jeder Reihe immer $n + 1$ Karten liegen, wie sich auf folgende Weise ergiebt. In jeder Reihe sind zwei Karten, die ein Paar bilden, ausserdem noch je eine Karte, die mit einer der übrigen $n - 1$ Reihen ein Paar bildet; also muss jede Reihe $2 + n - 1$ oder $n + 1$ Karten enthalten. Für $n = 1$ ist das Kunsttück naiv. Für $n = 2$ sind zwei Reihen von je drei Karten zu legen. Man hat sich dann nur zu merken, an welche Stelle jeder Reihe man die beiden Karten legt, von denen die eine in der einen, die andere in der andern Reihe zu liegen hat. Bezeichnen zwei gleiche Buchstaben immer ein Paar, so kann die Legweise der drei Kartenpaare so verdeutlicht werden:

a b a
b c c

Ebenso kann man für n = 3, also für 6 Kartenpaare, die Legweise aus folgender Buchstaben-Zusammenstellung entnehmen:

a b c a
b d e d
c e f f

Es fragt sich nun, ob man ein leicht behaltbares Prinzip der Zusammenstellung der Buchstaben finden kann, wenn n beliebig gross ist, da man ja doch darauf verzichten muss, für grössere n Zaubersprüche zu ersinnen, die ebenso gut passen, wie die Buchstaben in „Mutus dedit nomen cocis" für n = 4 passen. Ein solches Prinzip, das sich dem Gedächtnis leicht einprägt, ist folgendes: „In der a-ten Reihe soll immer die a-te und die letzte Karte ein Paar bilden; und ausserdem sollen immer die b-te Karte der c-ten Reihe mit der c-ten Karte der b-ten Reihe als Paar zusammengehören." Bezeichnen also wieder, wie oben, zwei gleiche Buchstaben ein Paar, so kann die aus dieser Regel für n = 7 resultierende Legweise folgendermassen veranschaulicht werden:

A b c d e f g A
b B h i k l m B

c	h	C	n	o	p	q	C
d	i	n	D	r	s	t	D
e	k	o	r	E	u	v	E
f	l	p	s	u	F	w	F
g	m	q	t	v	w	G	G

(Die grossen Buchstaben bezeichnen immer zwei Karten, die in derselben Reihe liegen.)

Es ist nun nicht schwer, hiernach das Kunststück für beliebig viele Karten durchzuführen. Natürlich kann man statt der Karten auch andere unterscheidbare Dinge nehmen. Zur Unterhaltung einer Gesellschaft empfiehlt sich z. B. die Wahl von männlichen und weiblichen Vornamen. Wir wollen hier beliebig zusammengestellte Paare von Zahlen nehmen. Für $n = 7$ ergeben sich 28 Paare. Wir schreiben also auf 56 gleich grosse Zettel etwa die Zahlen von 1 bis 56, und legen dieselben, nachdem sie gehörig durcheinandergemischt sind, so zu Paaren zusammen, wie der Zufall es fügt. Jeder in der Gesellschaft kann sich nun ein zusammenliegendes Paar merken, und wir werden ihm nachher das gemerkte Paar nennen können, nachdem wir die Paare aufgenommen, gemäss der obigen Regel gelegt und gehört haben, in welcher Reihe bezw. welchen beiden Reihen die beiden gemerkten Zahlen liegen. Beispielsweise seien die 56 Zahlen zufällig in folgender Weise zu 28 Paaren zusammengelegt:

13	16	17	1	31	32	5	33	41	51	42	52	43	14
29	50	34	53	18	22	30	19	15	8	21	2	3	38

44	54	47	6	46	7	55	9	45	10	39	11	12	36
26	28	27	48	4	49	20	56	23	40	25	35	37	24

Nachdem wir diese Paare aufgenommen haben, legen wir sie nach der angegebenen Regel, wobei wir hinsichtlich der Reihenfolge, in welcher wir die Paare nach einander auf den ihnen zukommenden Platz legen, beliebig verfahren werden, um dem Beschauer das Legungsgesetz zu verhüllen. Die 28 Zahlenpaare mögen also etwa so gelegt sein:

42	43	44	47	46	55	45	21
3	39	37	13	17	31	5	25
26	12	41	51	52	14	54	15
27	29	8	6	7	9	10	48
4	34	2	49	11	36	16	35
20	18	38	56	24	1	32	53
23	30	28	40	50	22	33	19

Hören wir nun, dass zwei gemerkte Zahlen beide in der fünften Reihe liegen, so werden wir, unserer Regel eingedenk, die fünfte und letzte, also 11 und 35 nennen. Hören wir ferner, dass zwei gemerkte Zahlen in der dritten und sechsten Reihe liegen, so muss es nach unserer Regel die sechste Zahl der dritten Reihe und die dritte Zahl der sechsten Reihe, also 14 und 38 sein. Hören wir endlich, dass die Zahlen in der ersten und dritten Reihe liegen, so können wir sofort das richtige Zahlenpaar 44 und 26 nennen.

Man erkennt leicht, dass in dieser Weise das Kunststück auf beliebig viele Reihen ausgedehnt werden kann, und um so überraschender wirken muss, je grösser die Zahl der Reihen und also auch die Zahl der Paare wird. So hat also die Heraussuchung des in dem alten Kartenkunststück steckenden mathematischen Kerns dasselbe vervollkommnet.

§ 8.

Probleme des Platzwechsels zweier benachbarter Steine einer Reihe.

Man lege 4 weisse und 4 schwarze Damensteine so nebeneinander, dass die beiden Farben abwechseln, weiss, schwarz, weiss, schwarz u. s. w. Vorn vor dem ersten weissen Steine denke man sich zwei leere Plätze, auf die man zwei benachbarte von den acht Steinen, ohne ihre Reihenfolge zu ändern, schieben soll. Auf die beiden leeren Plätze, die so entstanden sind, soll man wieder zwei benachbarte von den acht Steinen schieben, wiederum ohne Änderung der Reihenfolge u. s. w. Auf solche Weise soll man es durch 4 Verschiebungen oder, was dasselbe ist, Platzwechsel, erreichen, dass die vier schwarzen Steine vorn die ersten vier Plätze einnehmen und die vier weissen Steine die letzten vier Plätze. Natürlich kann man auch statt der weissen und schwarzen Steine irgend welche ungleichaussehende Dinge nehmen, etwa rote und schwarze Karten, oder zwei Münzsorten, oder Streichhölzer, deren Zündende nach oben bezw. nach unten liegt, nur muss immer die Bedingung ausgesprochen werden, dass beim Verschieben die Reihenfolge der beiden verschobenen Dinge dieselbe bleiben muss. Wir wollen hier jeden der weissen Steine durch den Buchstaben w, jeden der schwarzen Steine durch den Buchstaben s, und jeden der beiden leeren Plätze durch die Ziffer 0 bezeichnen. Dann ist also die Anfangs-Stellung:

0 0 w s w s w s w s.

Die End-Stellung, die auf die angegebene Weise durch Platzwechsel erzielt werden soll, ist folgende:

s s s s w w w w 0 0.

Dieses Problem ist von Herrn Professor Tait in Edinburgh gestellt und gelöst, und zwar in einem Vortrage über die Topologie Listings (Introductory address to the Edinburgh mathematical Society, am 9. Nov. 1885 und Philos. Magazine, Jan. 1884). Die Erweiterung auf beliebig viele Steine ist von Herrn Delannoy in Orleans gelöst. Am ausführlichsten ist das Problem von Edouard Lucas in seiner „Arithmétique amusante" besprochen.

Es wird jedem Leser, nach einiger Mühe gelingen, das ursprüngliche, auf zweimal 4 Steine bezügliche Problem zu lösen, wenn auch nicht vielleicht in der Minimalzahl 4 der Platzwechsel. Die folgende Zusammenstellung zeigt die Lösung in nur vier Zügen:

0 0 w s w s w s w s
s w w s w s w 0 0 s
s w w s 0 0 w w s s
s 0 0 s w w w w s s
s s s s w w w w 0 0

Der Leser wird nun finden, dass die Lösung des Problems immer schwerer wird, je grösser die Anzahl der Steine wird, die man durch paarweises Verschieben aus der Anfangs-Stellung in die Schluss-Stellung überführen soll. Die Anfangs-Stellung soll dabei immer so sein, dass die beiden Farben der n weissen und der n schwarzen Steine abwechseln, links vorn mit weiss beginnend. Als Schluss-Stellung ist gemeint, dass die n schwarzen Steine vorn und die n weissen Steine hinten postiert sind. In der ursprünglichen Fassung des Problems war $n = 4$. Für $n = 5$ bis $n = 11$ ist die schnellste Lösung aus den folgenden Tabellen ersichtlich:

$n = 5$:

0	0	w	s	w	s	w	s	w	s	w	s
s	w	w	s	w	s	w	s	w	0	0	s
s	w	w	s	0	0	w	s	w	w	s	s
s	w	w	s	s	w	w	0	0	w	s	s
s	0	0	s	s	w	w	w	w	w	s	s
s	s	s	s	s	w	w	w	w	w	0	0

$n = 6$:

0	0	w	s	w	s	w	s	w	s	w	s	w	s
s	w	w	s	w	s	w	s	w	s	w	0	0	s
s	w	w	s	w	s	0	0	w	s	w	w	s	s
s	w	w	s	w	s	w	s	0	0	w	w	s	s
s	w	w	0	0	s	w	s	s	w	w	w	s	s
s	w	w	s	s	s	w	0	0	w	w	w	s	s
s	0	0	s	s	s	w	w	w	w	w	w	s	s
s	s	s	s	s	s	w	w	w	w	w	w	0	0

n = 7:

0	0	w	s	w	s	w	s	w	s	w	s	w	s	w	s
s	w	w	s	w	s	w	s	w	s	w	s	w	0	0	s
s	w	w	s	w	s	0	0	w	s	w	s	w	w	s	s
s	w	w	s	w	s	s	w	w	0	0	s	w	w	s	s
s	w	w	s	0	0	s	w	w	w	s	s	w	w	s	s
s	w	w	s	s	s	s	w	w	w	0	0	w	w	s	s
s	0	0	s	s	s	s	w	w	w	w	w	w	w	s	s
s	s	s	s	s	s	s	w	w	w	w	w	w	w	0	0

n = 8:

0	0	w	s	w	s	w	s	w	s	w	s	w	s	w	s	w	s
s	w	w	s	w	s	w	s	w	s	w	s	w	s	w	0	0	s
s	w	w	s	w	s	w	s	0	0	w	s	w	s	w	w	s	s
s	w	w	s	w	s	w	s	w	s	0	0	w	s	w	w	s	s
s	w	w	s	w	0	0	s	w	s	s	w	w	s	w	w	s	s
s	w	w	s	w	w	s	s	w	s	s	w	0	0	w	w	s	s
s	w	w	s	0	0	s	s	w	s	s	w	w	w	w	w	s	s
s	w	w	s	s	s	s	s	w	0	0	w	w	w	w	w	s	s
s	0	0	s	s	s	s	s	w	w	w	w	w	w	w	w	s	s
s	s	s	s	s	s	s	s	w	w	w	w	w	w	w	w	0	0

n = 9:

0	0	w	s	w	s	w	s	w	s	w	s	w	s	w	s	w	s	w	s
s	w	w	s	w	s	w	s	w	s	w	s	w	s	w	s	w	0	0	s
s	w	w	s	w	s	w	s	0	0	w	s	w	s	w	s	w	w	s	s
s	w	w	s	w	s	w	s	s	w	w	0	0	s	w	s	w	w	s	s
s	w	w	s	0	0	w	s	s	w	w	w	s	s	w	s	w	w	s	s
s	w	w	s	s	w	w	s	s	w	w	w	s	s	w	0	0	w	s	s
s	0	0	s	s	w	w	s	s	w	w	w	s	s	w	w	w	w	s	s
s	s	s	s	s	w	w	s	s	w	w	w	0	0	w	w	w	w	s	s
s	s	s	s	s	0	0	s	s	w	w	w	w	w	w	w	w	w	s	s
s	s	s	s	s	s	s	s	s	w	w	w	w	w	w	w	w	w	0	0

n = 10:

0	0	w	s	w	s	w	s	w	s	w	s	w	s	w	s	w	s	w	s	w	s
s	w	w	s	w	s	w	s	w	s	w	s	w	s	w	s	w	s	w	0	0	s
s	w	w	s	w	s	w	s	w	s	0	0	w	s	w	s	w	s	w	w	s	s
s	w	w	s	w	s	w	s	w	s	w	s	0	0	w	s	w	s	w	w	s	s
s	w	w	s	w	s	w	0	0	s	w	s	s	w	w	s	w	s	w	w	s	s
s	w	w	s	w	s	w	w	s	s	w	s	s	w	w	s	0	0	w	w	s	s
s	w	w	0	0	s	w	w	s	s	w	s	s	w	w	s	s	w	w	w	s	s
s	w	w	s	s	s	w	w	s	s	w	0	0	w	w	s	s	w	w	w	s	s
s	w	w	s	s	s	0	0	s	s	w	w	w	w	w	s	s	w	w	w	s	s
s	w	w	s	s	s	s	s	s	s	w	w	w	w	w	0	0	w	w	w	s	s
s	0	0	s	s	s	s	s	s	s	w	w	w	w	w	w	w	w	w	w	s	s
s	s	s	s	s	s	s	s	s	s	w	w	w	w	w	w	w	w	w	w	0	0

n = 11:

0	0	w	s	w	s	w	s	w	s	w	s	w	s	w	s	w	s	w	s	w	s	w	s
s	w	w	s	w	s	w	s	w	s	w	s	w	s	w	s	w	s	w	s	w	0	0	s
s	w	w	s	w	s	w	s	w	s	0	0	w	s	w	s	w	s	w	s	w	w	s	s
s	w	w	s	w	s	w	s	w	s	s	w	w	0	0	s	w	s	w	s	w	w	s	s
s	w	w	s	0	0	w	s	w	s	s	w	w	w	s	s	w	s	w	s	w	w	s	s
s	w	w	s	s	w	w	s	w	s	s	w	w	w	s	s	w	0	0	s	w	w	s	s
s	w	w	s	s	w	w	s	0	0	s	w	w	w	s	s	w	w	s	s	w	w	s	s
s	w	w	s	s	w	w	s	s	s	s	w	w	w	0	0	w	w	s	s	w	w	s	s
s	0	0	s	s	w	w	s	s	s	s	w	w	w	w	w	w	w	s	s	w	w	s	s
s	s	s	s	s	w	w	s	s	s	s	w	w	w	w	w	w	w	0	0	w	w	s	s
s	s	s	s	s	0	0	s	s	s	s	w	w	w	w	w	w	w	w	w	w	w	s	s
s	s	s	s	s	s	s	s	s	s	s	w	w	w	w	w	w	w	w	w	w	w	0	0

Beim Anblick der obigen Lösungen für n = 4 bis n = 11 lassen sich folgende Gesetze leicht erkennen:

1. Die Zahl der Züge, die zur Erreichung des Zieles notwendig sind, beträgt immer n oder n + 1.

2. Die Züge zerfallen in drei Zugreihen.

3. Die erste Zugreihe besteht aus zwei Zügen. Der erste Zug besteht in der Verschiebung des vorletzten und vorvorletzten Steines auf die beiden vorn befindlichen leeren Felder. Der zweite Zug schiebt

die leeren Felder nach der Mitte zu, und zwar, wenn n gerade ist, so, dass n Steine den leeren Plätzen vorangehen und auch n Steine nachfolgen, wenn aber n ungerade ist, so, dass $n-1$ Steine vorangehen und $n+1$ Steine nachfolgen.

4. Die 2 n Steine und die beiden leeren Plätze zerfallen in eine vordere und eine hintere Hälfte. Bei geraden n bilden die n vor den leeren Plätzen stehenden n Steine die vordere Hälfte, die beiden leeren Plätze und die übrigen n Steine die hintere Hälfte. Bei ungeradem n bilden die ersten $n-1$ Steine und der erste leere Platz die vordere Hälfte, der zweite leere Platz und die letzten $n+1$ Steine die hintere Hälfte.

5. In der zweiten Zugreihe werden stets zwei ungleichfarbige Steine verschoben, und zwar so, dass immer in der hinteren Hälfte die schwarzen Steine in gerader Anzahl nebeneinander zu stehen kommen, in der vorderen Hälfte die weissen.

6. In der dritten Zugreihe werden immer zwei gleichfarbige Steine verschoben, und zwar die schwarzen der hinteren Hälfte in die vordere Hälfte, die weissen der vorderen Hälfte in die hintere Hälfte.

Bei Festhaltung dieser Regeln wird der Leser nach einiger Übung das Problem für jede beliebige Steinzahl lösen können. Zur bequemeren Übersicht trennt in den obigen Lösungstabellen ein Vertikalstrich die vordere und die hintere Hälfte. Ebenso sind dort die drei Zugreihen durch horizontale Trennungsstriche von einander geschieden.

Für ungerade n ist es dem Verfasser gelungen, die Stellen der beiden zu ziehenden Steine in ihrer Abhängigkeit von dreierlei allgemein auszudrücken, erstens von der Zahl 2 n der Steine, zweitens von dem Reste r, der bleibt, wenn man n durch 4 dividiert, sodass also r gleich 1 oder gleich 3 ist, drittens von der Nummer z des Zuges in jeder der drei Zugreihen. Die sich ergebenden beiden Zahlen geben immer an, die wievielten von vorn an gerechneten Felder geleert werden müssen, wobei die beiden unbesetzten Felder mitgezählt sind, sodass im ganzen $2n + 2$ Felder nebeneinander gedacht sind.

Der erste Zug ist immer $2n$, $2n + 1$, d. h., es müssen das vorletzte und vorvorletzte Feld geleert werden. Der zweite Zug ist immer n, $n + 1$.

Bis zur Erreichung des oben ausgesprochenen Zwecks der zweiten Zugreihe ist:

für die Zugnummer $2z - 1$ der Zug $n + 4z - 1$, $n + 4z$ und

für die Zugnummer $2z$ der Zug $4z + 1$, $4z + 2$

zu machen, wo für z nacheinander die Zahlen 1, 2, 3, . . . einzusetzen sind.

In der dritten Zugreihe ist:

für die Zugnummer $2z + \frac{r-3}{2}$ der Zug $4z - 2$, $4z - 1$ und

für die Zugnummer $2z - \frac{r-1}{2}$ der Zug $n + 4z + r - 3$, $n + 4z + r - 2$

zu machen, wo für z nacheinander die Zahlen 1, 2, 3 . . .,

und für r die Zahlen 1 bezw. 3 zu setzen sind, je nachdem n bei der Division durch 4 den Rest 1 oder 3 lässt.

Die von Lucas diesem Taitschen Geduldspiele hinzugefügte Variante, wonach man jedesmal die beiden Steine, welche geschoben werden, während des Schiebens in ihrer Reihenfolge vertauschen soll, bietet keine neuen Gesichtspunkte.

§ 9.

Probleme der allmählichen Überführung der weissen Steine einer Reihe nach rechts, der schwarzen nach links.

Lucas stellte im II. Bande seiner „Récréations“ unter der Überschrift „Jeux de casse-tête“ unter anderm das folgende Problem: In einer Reihe von $2n+1$ Feldern stehen links nebeneinander n weisse Steine, dann folgt ein leeres Feld und dann rechts nebeneinander n schwarze Steine. Jeder links vom leeren Felde stehende weisse Stein darf auf das leere Feld gerückt werden, ebenso jeder rechts vom leeren Felde stehende schwarze Stein. Ausserdem kann jeder weisse Stein nach rechts hin einen benachbarten schwarzen überspringen, ebenso jeder schwarze Stein nach links hin einen benachbarten weissen. Beide Spielregeln schreiben also den weissen Steinen eine Bewegung nur nach rechts, den schwarzen Steinen nur nach links zu. So soll erreicht werden, dass die n schwarzen Steine in den Feldern stehen, in denen anfänglich die n weissen Steine standen, und umgekehrt die n weissen Steine in den Feldern, in denen anfänglich die n schwarzen Steine standen.

Um die Lösung des Problems verständlich zu machen, bezeichnen wir, wie im vorigen Paragraphen, die weissen

Steine mit w, die schwarzen mit s, das leere Feld mit 0. Dann wird der Leser leicht die folgende Lösung für n = 2 finden:

n = 2:

w	w	0	s	s
w	0	w	s	s
w	s	w	0	s
w	s	w	s	0
w	s	0	s	w
0	s	w	s	w
s	0	w	s	w
s	s	w	0	w
s	s	0	w	w

Bezeichnet man das Ziehen eines Steins auf das leere Feld als Schritt, das Springen eines Steins über einen andersfarbigen als Sprung, so folgten sich aufeinander:

Schritt, Sprung, Schritt, Sprung, Sprung, Schritt, Sprung, Schritt.

Für n = 3 sind 6 Schritte und 9 Sprünge erforderlich, wie die folgende Lösungstabelle zeigt:

n = 3:

w	w	w	0	s	s	s
w	w	0	w	s	s	s
w	w	s	w	0	s	s
w	w	s	w	s	0	s
w	w	s	0	s	w	s
w	0	s	w	s	w	s
0	w	s	w	s	w	s
s	w	0	w	s	w	s
s	w	s	w	0	w	s
s	w	s	w	s	w	0
s	w	s	w	s	0	w
s	w	s	0	s	w	w
s	0	s	w	s	w	w
s	s	0	w	s	w	w
s	s	s	w	0	w	w
s	s	s	0	w	w	w

Man erkennt ferner, dass nicht allein die Schlussstellung zu der Anfangsstellung symmetrisch ist, d. h., aus ihr hervorgeht, indem man statt von links nach rechts umgekehrt von rechts nach links liest, sondern dass auch die vorletzte Stellung zur zweiten symmetrisch ist, die vorvorletzte zur dritten u. s. w.

Genau ebenso ist es auch bei andern Werten von n. Es wird daher ausreichen, wenn wir noch für den Fall $n = 4$, wo 8 Schritte und 16 Sprünge erforderlich sind, nur die erste Hälfte der Stellungen angeben, die auf die Anfangsstellung folgen:

$n = 4$:

w	w	w	w	0	s	s	s	s
w	w	w	0	w	s	s	s	s
w	w	w	s	w	0	s	s	s
w	w	w	s	w	s	0	s	s
w	w	w	s	0	s	w	s	s
w	w	0	s	w	s	w	s	s
w	0	w	s	w	s	w	s	s
w	s	w	0	w	s	w	s	s
w	s	w	s	w	0	w	s	s
w	s	w	s	w	s	w	0	s
w	s	w	s	w	s	w	s	0
w	s	w	s	w	s	0	s	w
w	s	w	s	0	s	w	s	w

Herr Lucas fand auch, dass die Zahl der Schritte, die zur Lösung nötig sind, $2n$ beträgt, während die Zahl der Sprünge n^2 beträgt. Bei jedem Sprung wird ein Stein um zwei Felder weiter gerückt, bei jedem Schritt um eins. Also giebt $2n^2 + 2n = 2n(n+1)$ an, um wieviel Felder die Steine insgesamt in den vorgeschriebenen Richtungen wandern. In der That muss sich jeder Stein in einer der beiden Richtungen um

$n+1$ Felder bewegen, um den ihm zukommenden Platz schliesslich zu erreichen. Also müssen alle $2n$ Steine um $2n(n+1)$ Felder weiterrücken, und dieses geschieht eben durch n^2 Sprünge und $2n$ Schritte.

Die Übertragung dieses Geduldspiels auf ein Schachbrett von $(2n+1)$ mal $(2n+1)$ Feldern, dessen mittelstes leer ist, verlängert das Spiel bedeutend, ohne neue Gesichtspunkte zu eröffnen. Die Anfangsstellung ist bei $n=3$ dann folgende:

w	w	w	w	s	s	s
w	w	w	w	s	s	s
w	w	w	w	s	s	s
w	w	w	0	s	s	s
w	w	w	s	s	s	s
w	w	w	s	s	s	s
w	w	w	s	s	s	s

Die beiden Spielregeln des auf **eine** horizontale Reihe bezüglichen Geduldspiels werden auf alle $2n+1$ horizontalen Reihen und auf die **mittlere** vertikale Reihe übertragen. Das Ziel ist wieder dies, dass die weissen Steine die Stellen der schwarzen einnehmen und umgekehrt. Zunächst verschiebt man in der mittleren Horizontalreihe, bis in dieser Reihe das Ziel erreicht ist. Dann verschiebt man in der mittleren Vertikalreihe, benutzt aber jedesmal, wo das leere Feld in einer noch unerledigten Horizontalreihe sich befindet, diese Gelegenheit, um die betreffende Horizontalreihe zu erledigen, ehe man das Schieben in der mittleren Vertikalreihe fortsetzt. Man hat also $1+1+2n$ Reihen zu erledigen. Also ist die Zahl der Schritte $(2+2n)$ mal $2n$ und die der Sprünge $(2+2n)$ mal n^2.

§ 10.

Bildung von Häufchen durch Überspringen von Steinen einer Reihe.

Während bei den Problemen der beiden vorigen Paragraphen wesentlich war, dass die in einer Reihe liegenden Steine in zwei gleich grosse Gruppen gleicher Art zerfielen, wird bei dem jetzt zu besprechenden Probleme vorausgesetzt, dass die in einer Reihe liegenden 2n Steine alle von gleicher Art sind. Die Spielregel besteht darin, dass immer jeder Stein nach jeder Richtung zwei Steine überspringen soll, um dann auf einen andern Stein gelegt zu werden. Das Ziel besteht darin, auf solche Weise die Bildung von n Häufchen von je zwei Steinen zu erreichen. Wenn $n < 4$ ist, erweist sich die Erreichung dieses Zieles als unmöglich.

Um die Lösung für $n \geqq 4$ bequem angeben zu können, drücken wir durch acht nebeneinander gesetzte Zahlen, die alle 0,1 oder 2 sind, aus, wie viel Steine an jeder der 2n Stellen der Reihe nach jedem Setzen übereinander liegen. Die Anfangs-Stellung ist also für $n = 4$ folgende:

1 1 1 1 1 1 1 1

Die zu erzielende Schlussstellung ist etwa folgende:

2 2 0 0 0 0 2 2

Die Lösung ist aus der folgenden Übersicht zu entnehmen:

1 1 1 1 1 1 1 1

1 2 1 1 0 1 1 1

1 2 0 1 0 1 2 1

2 2 0 0 0 1 2 1

2 2 0 0 0 0 2 2

Auf diese Lösung für n = 4 kann man die für n = 5 zurückführen, indem man zuerst den 4. Stein auf den ersten setzt, und die auf das so gebildete Häufchen folgenden acht Steine so behandelt, wie soeben bei n = 4 gezeigt ist. Die Lösung lässt sich also so darstellen:

1 1 1 1 1 1 1 1 1 1

2 1 1 0 1 1 1 1 1 1

2 1 2 0 1 1 0 1 1 1

2 1 2 0 0 1 0 1 2 1

2 2 2 0 0 0 0 1 2 1

2 2 2 0 0 0 0 0 2 2

Ebenso kann der Fall n = 6 auf den eben behandelten Fall n = 5 zurückgeführt werden u. s. w. Natürlich darf man auch, anstatt den vierten Stein auf den ersten zu setzen, den viertletzten auf den letzten setzen. Man sieht nun, wie das Problem bei beliebig hohem n zu lösen ist. Die Lösung des Problems für n = 7 mag hier noch Platz finden:

1 1 1 1 1 1 1 1 1 1 1 1 1 1

2 1 1 0 1 1 1 1 1 1 1 1 1 1

2 2 1 0 1 0 1 1 1 1 1 1 1 1

2 2 2 0 1 0 1 0 1 1 1 1 1 1

2 2 2 0 1 0 2 0 1 1 0 1 1 1
2 2 2 0 1 0 2 0 0 1 0 1 2 1
2 2 2 0 2 0 2 0 0 0 0 1 2 1
2 2 2 0 2 0 2 0 0 0 0 0 2 2

Das soeben besprochene Problem ist von Herrn Delannoy dahin verallgemeinert, dass in einer Reihe n . p Steine liegen, immer p Steine übersprungen werden sollen und dadurch n Häufchen von je p Steinen zu bilden sind, wo n nicht kleiner als 4 sein darf.

Für n = 4 wird das Problem dadurch gelöst, dass man zunächst auf dem zweiten und vorletzten Stein die Häufchen bildet, und darauf durch Überspringen dieser Häufchen den ersten und den letzten Stein Basis eines Häufchens werden lässt.

Der Fall n = 5 wird dann auf den Fall n = 4 zurückgeführt, indem man zuerst an einem der beiden Endpunkte ein Häufchen von je p Steinen bildet, und die übrigen 4 p Steine so behandelt, wie im Fall n = 4. Genau so wird n = 6 auf n = 5 zurückgeführt u. s. w.

Es folgt hier noch die Lösung für p = 3, n = 6:

1 1 1 1 1 1 1 1 1 1 1 1 1 1 1 1 1 1
2 1 1 1 0 1 1 1 1 1 1 1 1 1 1 1 1 1
2 1 1 1 0 1 1 1 1 1 1 1 1 0 1 1 1 2
3 1 1 1 0 0 1 1 1 1 1 1 1 0 1 1 1 2
3 1 1 1 0 0 1 1 1 1 1 1 0 0 1 1 1 3
3 1 2 1 0 0 1 1 0 1 1 1 0 0 1 1 1 3
3 1 2 1 0 0 1 1 0 0 1 1 0 0 1 2 1 3
3 1 3 1 0 0 1 1 0 0 0 1 0 0 1 2 1 3
3 1 3 1 0 0 0 1 0 0 0 1 0 0 1 3 1 3

3 2 3 0 0 0 0 1 0 0 0 1 0 0 1 3 1 3
3 2 3 0 0 0 0 1 0 0 0 1 0 0 0 3 2 3
3 3 3 0 0 0 0 0 0 0 0 1 0 0 0 3 2 3
3 3 3 0 0 0 0 0 0 0 0 0 0 0 0 3 3 3

Man erkennt leicht, dass die Anzahl der Stein-Versetzungen allgemein gleich n (p — 1) ist.

§ 11.

Probleme der Anordnung im Kreise.

In der Spielecke der Unterhaltungszeitschriften finden sich häufig Aufgaben von folgender Art. n Herren und n Damen setzen sich so, dass ihre Plätze einen Kreis bilden. Wie kann man es erreichen, dass, nachdem die Plätze mehrfach vertauscht sind, schliesslich jeder Herr nur einmal neben jeder Dame und umgekehrt jede Dame nur einmal neben jedem Herren gesessen hat? Natürlich kann man sich statt der Sitzplatzrunde auch eine Tanzrunde denken. Da jeder Herr jede Dame einmal benachbart haben soll, so sind insgesamt n mal n Nachbarschaften möglich. Jede Runde giebt aber Veranlassung zu 2n Nachbarschaften. Also ist $n^2 : 2n$ oder $\frac{1}{2}n$ die Zahl der Runden, die notwendig sind, um das angegebene Ziel zu erreichen. Hieraus folgt, dass n immer eine gerade Zahl sein muss.

Die Lösungen selbst erhält man am einfachsten dadurch, dass man sich einen Kreis in 2n gleiche Teile teilt, dass man dann abwechselnd die Teilpunkte mit n kleinen lateinischen Buchstaben und n griechischen Buchstaben bezeichnet, so dass immer jeder griechische Buchstabe zwischen zwei lateinischen steht und dass man endlich das Polygon der lateinischen Buchstaben festhält, das Polygon der griechischen Buchstaben aber um $\frac{2}{n}$ der Peripherie dreht. Bezeichnen die lateinischen Buchstaben die festen Plätze der Herren, die griechischen die der Damen, so lässt sich die Lösung auch in $\frac{1}{2}n$ Zeilen schreiben, so wie die folgende Übersicht zeigt, in der $n = 8$ angenommen ist. Man vergesse dabei nicht, dass der erste Buchstabe als auf den letzten folgend anzusehen ist.

a α b β c γ d δ e ε f ζ g η h ϑ
a γ b δ c ε d ζ e η f ϑ g α h β
a ε b ζ c η d ϑ e α f β g γ h δ
a η b ϑ c α d β e γ f δ g ε h ζ

So hat jeder Herr jede Dame einmal, aber auch nur einmal als Nachbarin. Man bemerke, dass die obige Lösung nicht die einzige ist. Beispielsweise ist auch richtig:

a α b β c γ d δ e ε f ζ g η h ϑ
a η b ϑ c α d β e γ f δ g ε h ζ
a ε b ζ c η d ϑ e α f β g γ h δ
a γ b δ c ε d ζ e η f ϑ g α h β

Zu einem zweiten Problem der Anordnung im Kreise führt der gesellschaftliche Gebrauch, dass man bei einer Tischgesellschaft Ehepaare nicht gern nebeneinander setzt. Wenn drei Ehepaare so um einen Tisch zu setzen sind, dass kein Mann seine Gattin neben sich hat, weder zur rechten, noch zur linken Seite, so ergiebt sich ohne weiteres, dass die Forderung nur dadurch erfüllbar ist, dass immer Gatte und Gattin gegenüber sitzen. Um die Lösungen für 4 und 5 Ehepaare angeben zu können, bezeichnen wir die Männer immer mit lateinischen Buchstaben und ihre bezüglichen Gattinnen mit dem griechischen Buchstaben gleicher Nummer. Also sind verheiratet: a und α, b und β, c und γ, d und δ, e und ε. Wenn 4 Ehepaare so gesetzt werden sollen, dass nirgend Gatte und Gattin neben einander sitzen, so ergeben sich nur die beiden Lösungen:

a γ b δ c α d β
und: a δ b α c β d γ

Für fünf Ehepaare ergeben sich schon 13 Lösungen, nämlich:

a γ b α c ε d β e δ
a γ b δ c ε d α e β
a γ b ε c α d β e δ
a γ b ε c β d α e δ
a δ b α c ε d β e γ
a δ b α c ε d γ e β
a δ b ε c α d β e γ
a δ b ε c α d γ e β
a δ b ε c β d α e γ
a ε b α c β d γ e δ
a ε b δ c β d α e γ
a ε b δ c α d β e γ
a ε b δ c α d γ e β

Eine eingehende mathematische Behandlung, die mit Sicherheit zu allen Lösungen führt, scheint dieses Problem bis jetzt noch nicht gefunden zu haben. Also ist auch keine Formel für die Zahl der Lösungen bei n Ehepaaren bekannt.

§ 12.

Vielfache Lesbarkeit.

Heis teilte im VI. Abschnitt seiner Aufgabensammlung das magische Wort

Abracadabra

mit, mit dem in früheren Jahrhunderten der Aberglaube vermeinte, verschiedene Krankheiten, besonders das hartnäckige viertägige Wechselfieber heilen zu können. Nach der Anweisung des Arztes Serenus Sammonicus ist dieses Wort, damit es heilkräftig wirke, folgendermassen zu schreiben:

A b r a c a d a b r a
A b r a c a d a b r
A b r a c a d a b
A b r a c a d a
A b r a c a d
A b r a c a
A b r a c
A b r a
A b r
A b
A

Wenn man hier, mit irgend einem der die 11 Zeilen anfangenden A zu lesen beginnt, und auf alle mögliche Weise bis zum letzten a in der Ecke oben rechts weiterliest, so erhält man $2^{10} = 1024$ Möglichkeiten. Man erkennt leicht, dass jedes auf solche Weise geschriebene Wort 2^{n-1} Lesbarkeiten ergiebt, wenn es n Buchstaben enthält. So lässt sich z. B. der 8 Buchstaben enthaltende Name des grossen deutschen Reichskanzlers 2^7 oder 128mal lesen, wenn man ihn so schreibt:

B i s m a r c k
B i s m a r c
B i s m a r
B i s m a
B i s m
B i s
B i
B

Ein zweites Beispiel liefert der Grabstein des Fürsten Silo in der Kirche San Salvador, die zu Ovideo in der Provinz Asturien gelegen ist. Auf diesem Grabstein sind die Buchstaben der drei Worte:

Silo princeps fecit

derartig angeordnet, dass diese Worte von der Mitte aus nach den vier Ecken hin auf

45760

Arten gelesen werden können, obwohl nur 285 quadratisch geordnete Buchstaben vorhanden sind. Nach Heis sieht der Grabstein so aus:

t	i	c	e	f	s	p	e	c	n	c	e	p	s	f	e	c	i	t
i	c	e	f	s	p	e	c	n	i	n	c	e	p	s	f	e	c	i
c	e	f	s	p	e	c	n	i	r	i	n	c	e	p	s	f	e	c
e	f	s	p	e	c	n	i	r	p	r	i	n	c	e	p	s	f	e
f	s	p	e	c	n	i	r	p	o	p	r	i	n	c	e	p	s	f
s	p	e	c	n	i	r	p	o	l	o	p	r	i	n	c	e	p	s
p	e	c	n	i	r	p	o	l	i	l	o	p	r	i	n	c	e	p
e	c	n	i	r	p	o	l	i	**S**	i	l	o	p	r	i	n	c	e
p	e	c	n	i	r	p	o	l	i	l	o	p	r	i	n	c	e	p
s	p	e	c	n	i	r	p	o	l	o	p	r	i	n	c	e	p	s
f	s	p	e	c	n	i	r	p	o	p	r	i	n	c	e	p	s	f
e	f	s	p	e	c	n	i	r	p	r	i	n	c	e	p	s	f	e
c	e	f	s	p	e	c	n	i	r	i	n	c	e	p	s	f	e	c
i	c	e	f	s	p	e	c	n	i	n	c	e	p	s	f	e	c	i
t	i	c	e	f	s	p	e	c	n	c	e	p	s	f	e	c	i	t

Da der Mensch nicht gewöhnt ist, von rechts nach links und von unten nach oben zu lesen, so liegt es nahe, nur das Rechteck zu betrachten, dessen vier Ecken der Mittelbuchstabe S, die Mitte der rechten Vertikalseite die Ecke unten rechts und die Mitte der untersten Horizontalseite sind. Liest man nur in diesem kleineren Rechteck, immer von oben links nach unten rechts, so erhält man noch immer so viel Lesbarkeiten, wie der vierte Teil der obigen Zahl angiebt, nämlich: 11440.

Um eine Regel für die Berechnung der Lesbarkeiten in einem solchen Rechteck herauszufinden, betrachten wir zunächst ein Rechteck, das von links nach rechts nur zwei Zeilen aufweist, wie z. B.:

W	i	l	h	e	l
i	l	h	e	l	m

Da man in der ersten Zeile bis zu jedem der sechs Buchstaben lesen kann, um dann nach unten in die zweite Zeile überzugehen, und dort bis zum Schluss weiter zu lesen, so erhält man sechs Arten der Lesbarkeit, weil jede Zeile sechs Buchstaben hat. Genau so erkennt man, dass bei a Buchstaben in jeder der beiden Zeilen a Lesbarkeiten herauskommen. Wir gehen zu drei Zeilen über und betrachten das Beispiel:

L	e	i	p	z
e	i	p	z	i
i	p	z	i	g

Von L bis zum letzten i der zweiten Zeile kann man nach der eben angestellten Erörterung auf fünffache Weise lesen. Wenn man dann das g der dritten Zeile hinzunimmt, so hat man zu Ende gelesen. Von L bis zum z der zweiten Zeile kann man auf vierfache Weise lesen. Dann hat man nach unten in die dritte Zeile überzugehen, um noch „ig" hinzuzufügen. Analog erhält man drei Lesbarkeiten, wenn man bis zum p der zweiten Zeile auf alle mögliche Weise liest, um dann in die dritte Zeile überzugehen. Die Zahl der Lesbarkeiten ist also:

$$5 + 4 + 3 + 2 + 1 = 15.$$

Ebenso erhält man, wenn jede der drei Zeilen aus a Buchstaben besteht, die Summe:

$$a + (a - 1) + (a - 2) + \ldots + 2 + 1,$$

d. h. die Summe aller Zahlen von 1 bis a. Für diese lehrt aber die Mathematik den Ausdruck:

$$\frac{1}{2} a (a + 1).$$

Wenn man bezüglich der Lesbarkeiten ein vierzeiliges Rechteck betrachtet, so erhält man in derselben Weise:

$$\frac{1}{2}a(a+1)+\frac{1}{2}(a-1)a+\frac{1}{2}(a-2)(a-1)+\ldots$$
$$+\frac{1}{2}.2.3+\frac{1}{2}.1.2.$$

Dies ist aber die Summe der sogenannten Dreieckszahlen. Für diese Summe hat man die Formel aufgestellt:

$$s=\frac{1}{6}a(a+1)(a+2).$$

Bei fünfzeiligen Rechtecken erhält man analog:

$$\frac{1}{24}a(a+1)(a+2)(a+3)$$

für die Anzahl der Lesbarkeiten. Die auftretenden Divisoren 2, 6, 24 u. s. w. sind beziehungsweise 1.2, 1.2.3, 1.2.3.4 u. s. w. Wenn allgemein b Zeilen vorhanden sind, so heisst der an Stelle von $\frac{1}{6}$ bezw. $\frac{1}{24}$ tretende Koeffizient:

$$\frac{1}{1.2.3.4\ldots(b-1)}$$

Das Produkt a $(a+1)(a+2)\ldots$ ist dann bis zum Faktor $a+b-2$ fortzusetzen. Man erhält also bei einem Rechteck, dessen Seiten a bezw. b Buchstaben enthalten, soviel Lesbarkeiten, wie der folgende Ausdruck angiebt:

$$\frac{a(a+1)(a+2)\ldots(a+b-2)}{1.2.3.4\ldots(b-1)}$$

Multipliziert man noch Zähler und Nenner mit dem Produkt aller Zahlen von 1 bis $a-1$, so erhält man im Zähler das Produkt aller Zahlen von 1 bis $a+b-2$. Es gewinnt dann der Ausdruck für die Anzahl der Lesbarkeiten die folgende symmetrische Gestalt:

$$\frac{1.2.3\ldots(a+b-2)}{[1.2.3\ldots(a-1)].[1.2.3\ldots(b-1)]}.$$

Hieraus ergiebt sich z. B. die schon oben erwähnte Zahl 11 440 für die Anzahl der Lesbarkeiten von „Silo princeps fecit", wenn man $a=10$, $b=8$ setzt, da in der Horizontalseite des Rechtecks die zehn Buchstaben von S bis e, in der Vertikalseite des Rechtecks die acht Buchstaben von e bis t stehen.

Nicht so gross ist die Anzahl der Arten, den folgenden Neujahrsgruss zu lesen:

P	r	o	s	i	t	N
r	o	s	i	t	N	e
o	s	i	t	N	e	u
s	i	t	N	e	u	j
i	t	N	e	u	j	a
t	N	e	u	j	a	h
N	e	u	j	a	h	r!

Da hier $a=7$, $b=7$ ist, so erhalten wir nach der obigen Formel:

$$\frac{1.2.3\ldots.12}{(1.2.3\ldots6)(1.2.3\ldots6)}=924$$

Neujahrsgrüsse.

Statt der Buchstaben kann man auch Silben oder Worte zu einem Rechteck mit vielfacher Lesbarkeit zusammenstellen, wie folgendes Beispiel zeigt:

Der	Ver	fas	ser	sen	det	sei	nen	Le	sern
Ver	fas	ser	sen	det	sei	nen	Le	sern	so
fas	ser	sen	det	sei	nen	Le	sern	so	viel
ser	sen	det	sei	nen	Le	sern	so	viel	Grüs
sen	det	sei	nen	Le	sern	so	viel	Grüs	se
det	sei	nen	Le	sern	so	viel	Grüs	se	wie
sei	nen	Le	sern	so	viel	Grüs	se	wie	dies
nen	Le	sern	so	viel	Grüs	se	wie	dies	les
Le	sern	so	viel	Grüs	se	wie	dies	les	bar
sern	so	viel	Grüs	se	wie	dies	les	bar	ist.

Der Leser berechne, dass ihm der Verfasser nicht, wie man zu schreiben pflegt, tausend Grüsse, sondern

48 tausend und 620

Grüsse geschickt hat.

---

§ 13.

Anordnung im Umfang eines Quadrats.

In seinen „Problèmes plaisans et délectables" stellte Bachet die folgende Aufgabe: „Ein Bürger liess in seinem Weinkeller 9 quadratisch geformte und auch quadratisch geordnete Behältnisse bauen. In dem mittelsten Quadrat sollten die leeren Flaschen Platz finden. In die acht Quadrate des Umfangs stellte er 60 volle Flaschen, und zwar so, dass jedes der 4 Eckquadrate 6 Flaschen, jedes der 4 übrigen Quadrate aber 9 Flaschen aufnahm. Sein Diener stahl zuerst vier Flaschen, die er verkaufte und ordnete die übrigen 56 Flaschen so an, dass an jeder Seite wiederum, wie ursprünglich, im ganzen 21 Flaschen zu zählen waren. Sein Herr liess sich täuschen, indem er dachte, dass sein Diener nur eine andere Anordnung der Flaschen getroffen hätte, da an jeder Seite ja doch noch immer gleichviel Flaschen, nämlich 21, standen. Der Diener benutzte die Einfalt seines Herrn, um nochmals 4 Flaschen zu stehlen, und setzte dies noch einigemale fort, bis ein weiteres Stehlen von vier Flaschen die Anordnung, dass an jeder Seite 21 Flaschen standen, unmöglich gemacht hätte. Gefragt wird, wie der Diener die Täuschung bewerkstelligte."

Diese Aufgabe ist seit Bachet (1612), teils in der ursprünglichen Gestalt, teils in anderer Einkleidung, immer wieder ans Tageslicht gezogen, obwohl sie äusserst einfacher Natur ist. Die folgenden fünf Figuren geben die jedesmalige Anordnung der Flaschen an, und zwar die ursprüngliche Anordnung, sowie die nach dem ersten bis vierten Diebstahle:

6	9	6
9		9
6	9	6

7	7	7
7		7
7	7	7

8	5	8
5		5
8	5	8

9	3	9
3		3
9	3	9

10	1	10
1		1
10	1	10

Man sieht, dass an jeder Seite der Quadrate stets 21 Flaschen stehen, dass aber die Gesamtzahlen in den fünf Quadraten

60, 56, 52, 48, 44

betragen, so dass 4 Diebstähle möglich waren. Bei gegebener Flaschenzahl in jeder Quadratseite erhält man natürlich das Minimum der Gesamtzahl, wenn in den vier Quadraten, die nicht die Ecken bilden, nur je eine Flasche steht, das Maximum, wenn in den vier Eckquadraten je eine Flasche steht.

Lucas giebt das Problem in folgender Einkleidung. Der Schlafraum von 24 Nonnen besteht aus acht quadratischen Zellen, die selbst wieder ein Quadrat bilden, indem sich an jeder Seite 3 Zellen befinden. In jeder Zelle schlafen 3. Die 24 Nonnen bekommen

Besuch von 4 Nonnen, die sie während der Nacht logieren wollen. Sie wissen, dass die halb erblindete Äbtissin sich jeden Abend überzeugt, ob auch alle Nonnen da sind, indem sie zählt, ob auch auf jeder Seite 9 Nonnen schlafen. Wie haben sich die 28 Nonnen in den 8 Zellen zu verteilen, damit die Äbtissin nicht merkt, dass noch 4 Nonnen hinzugekommen sind. Die Antwort ist natürlich die, dass in den vier Eckzellen je 2 Nonnen und in den vier übrigen Zellen je 5 Nonnen zu schlafen haben. Die gewöhnliche Verteilung und die Verteilung nach Unterbringung der vier auf Besuch gekommenen Nonnen zeigen die beiden folgenden Figuren, aus denen ersichtlich ist, dass die Anzahl 9 der an einer Seite des Quadrats schlafenden Nonnen in beiden Fällen dieselbe bleibt:

3	3	3
3		3
3	3	3

und

2	5	2
5		5
2	5	2

§. 14.

Erraten einer Karte aus drei oder mehr Päckchen.

B merkt sich eine von fünfzehn Karten, die A in drei Päckchen ordnet, indem A die erste Karte als unterste Karte des ersten Päckchens, die zweite und dritte Karte als unterste Karte des zweiten, beziehungsweise dritten Päckchens hinlegt, indem er dann weiter die vierte Karte zweitunterste Karte des ersten Päckchens werden lässt, die fünfte zweitunterste des zweiten Päckchens und so weiter, so dass im ersten Päckchen von unten nach oben die 1., 4., 7., 10., 13. Karte liegen, im zweiten Päckchen die 2., 5., 8., 11., 14., im dritten die 3., 6., 9., 12., 15. Dann fragt A den B, in welchem Päckchen die gemerkte Karte liege. A nimmt dann die drei Päckchen so zusammen, dass das von B bezeichnete Päckchen in die Mitte kommt. Hierauf bildet A aus den zusammengenommenen 15 Karten in derselben Weise, wie zuerst, wiederum drei Päckchen, und fragt B, in welchem Päckchen die von ihm gemerkte Karte liege. In dem von B bezeichneten Päckchen ist dann die mittlere, also dritte Karte die gemerkte.

Dieses schon von Bachet in seinem klassischen Buche erwähnte Kartenkunststück ist sehr verbreitet und lässt sich nach mehreren Richtungen hin verallgemeinern. Um zunächst einzusehen, dass bei drei Päckchen und dreimal fünf Karten nach zwei Verteilungen die gemerkte Karte in der Mitte des bezeichneten Päckchens liegen muss, bezeichnen wir jede Karte der beiden nach der ersten Verteilung nicht bezeichneten Päckchen mit „n", jede Karte des bezeichneten Päckchens mit „b". Dann liegen bei der zweiten Päckchenbildung die Karten, von unten nach oben gerechnet, so wie die folgende Figur zeigt:

I. Päckchen.	II. Päckchen.	III. Päckchen.
n	n	n
n	n	b
b	b	b
b	n	n
n	n	n

Wird nun von B das I. Päckchen als dasjenige bezeichnet, in dem die gemerkte Karte liegt, so kann es nur die dritte oder die vierte Karte von unten sein. Im ersten Falle wird bei der zweiten Verteilung die gemerkte Karte die mittlere des II. Päckchens, im zweiten Falle die mittlere des I. Päckchens. Wird von B das II. Päckchen als das bezeichnet, in dem die gemerkte Karte liegt, so bleibt die gemerkte die mittlere. Wird endlich das III. Päckchen bezeichnet, so wird die gemerkte Karte mittlere Karte des II. oder III. Päckchens.

Man erkennt sofort, dass auch bei 3mal 7 und bei 3mal 9 Karten und 3 Päckchen nicht mehr als zwei Päckchen-Bildungen erforderlich sind, damit A nach der zweiten Päckchen-Bezeichnung des B die gemerkte Karte angeben kann. A hat nämlich auch dann die mittlere

Karte des bezeichneten Päckchens anzugeben. Beispielsweise ist für 3mal 9 Karten, bei Festhaltung der obigen Bezeichnungsweise, die Lage der Karten nach der ersten Päckchenbildung folgende:

I.	II.	III.
n	n	n
n	n	n
n	n	n
b	b	b
b	b	b
b	b	b
n	n	n
n	n	n
n	n	n

Wenn nun B ein Päckchen bezeichnet hat, so hat A nur noch die Wahl zwischen drei Karten. Wenn A also das bezeichnete Päckchen in die Mitte zwischen die beiden andern nimmt, und wiederum in der angegebenen Weise Päckchen bildet, so muss die von B gemerkte Karte immer mittlere Karte eines der drei neuen Päckchen sein.

Die Erweiterung des Kunststücks auf 3 Päckchen und 3mal 27 Karten ist nun sehr naheliegend, da A, nachdem B ein Päckchen bezeichnet hat, noch die Auswahl unter 27 Karten hat, die er genau, wie oben gezeigt ist, durch zwei Päckchenbildungen treffen kann. Für 34 Karten ist also dreimalige Päckchenbildung und dreimalige Antwort seitens B erforderlich. Ebenso aber auch für drei Päckchen und 3mal irgend eine ungerade Zahl, die grösser als 9 ist und 27 nicht übersteigt.

Überhaupt hat man also so oft die drei Päckchen zu bilden, wie t angiebt, wo

$$3^{t-1} < n \leqq 3^t$$

angiebt, wo n, die Zahl der Karten, eine durch 3 teilbare ungerade Zahl ist. Wenn bei hohem n die Zahl der Karten eines Kartenspiels nicht ausreicht, so wird man natürlich die Karten durch gleichgrosse Zettel ersetzen, auf denen verschiedene Zahlen geschrieben sind.

Wenn statt drei Päckchen p Päckchen gebildet werden, so muss

$$p^{t-1} > n \leqq p^t$$

und n eine durch p teilbare ungerade Zahl sein, damit aus den n Karten durch t-malige Bildung von je p Päckchen und t-malige Bezeichnung eines Päckchens die Karte in die Mitte des zuletzt bezeichneten Päckchens zu liegen kommt.

Gergonne hat im IV. Bande seiner „Annales de Mathématiques" eine mathematische Verallgemeinerung des beliebten Kartenkunststücks dahin gegeben, dass aus p^p Karten p Päckchen zu je p^{p-1} gebildet werden, dass dann nach der ersten Päckchenbildung das bezeichnete Päckchen als das a_1-te aufgenommen wird, dass nach der zweiten Päckchenbildung das die gemerkte Karte enthaltende Päckchen als a_2-tes gelegt wird, u. s. w. bis zur p-ten Päckchenbildung, nach welcher das bezeichnete Päckchen als a_p-tes aufgenommen wird. Liegt dann die gemerkte Karte als q-te, so besteht zwischen p, q, a_1, a_2, ... a_p ein Zusammenhang, der durch die folgende Relation ausgedrückt wird:

$q = 1 - a_1 + a_2 p - a_3 p^2 + \ldots + a_p p^{p-1}$, wenn p gerade ist;

$q = a_1 - a_2 p + a_3 p^2 - \ldots + a_p p^{p-1}$, wenn p ungerade ist.

Ist z. B., wie oben bei 27 Karten zu 3 Päckchen, $p = 3$, $a_1 = 2$, $a_2 = 2$, so ergiebt sich:

$$q = 2 - 2 . 3 + 2 . 3^2 = 14,$$

d. h., wie schon oben erkannt ist, die gemerkte Karte ist die mittelste des bezeichneten Päckchens. Ebenso ergiebt sich für $p = 5$, $a_1 = 3$, $a_2 = 3$, $a_3 = 3$, $a_4 = 3$:

$$q = 3\ (1 - 5 + 5^2 - 5^3 + 5^4) = 1563.$$

In diesem Falle hat man 5 Päckchen zu je 625. Wiederum ist 1563 die Mittelzahl, nämlich zwischen 1 und 5 . 625.

Um noch für ein gerades p ein Beispiel zur Gergonneschen Formel zu haben, setzen wir $p = 4$, $a_1 = 1$, $a_2 = 1$, $a_3 = 1$. Dann kommt:

$$q = 1 - 1 + 1 . 4 - 1 . 4^2 + 1 . 4^3 = 52.$$

§ 15.

Boss-Puzzle oder Fünfzehner-Spiel.

Seit langer Zeit hat kein Geduldspiel ein derartiges Interesse bei der ganzen gebildeten Menschheit hervorgerufen, als in den Jahren 1879 und 1880 das in Deutschland unter dem Namen „Boss-Puzzle“, in Frankreich unter dem Namen „Jeu du taquin“ (Neckspiel), in England unter dem Namen „Fifteenth-Puzzle“ eingeführte Spiel. Monate lang bildeten die an dieses Spiel sich anknüpfenden Erörterungen eine stehende Rubrik in Journalen und Zeitungen. Selbst in Strassenbahnwagen konnte man die kleinen Kästchen mit den 15 Holzklötzchen erblicken und unruhige Hände darin schieben sehen. Unternehmende Wirte luden zu einem Boss-Puzzle-Tournier ein, in welchem ein vom Wirt gestelltes Problem gegen Auszahlung einer hohen Belohnung gelöst werden sollte. Natürlich wurde es dann nicht gelöst, weil es zu der Gruppe der unlösbaren Probleme gehörte, wie aus dem folgenden ersichtlich sein wird.

Aber auch ernste Gelehrte widmeten dem neuen Geduldspiel ihr Interesse und ihre Zeit. Die erste mathematische Behandlung des Spiels erschien schon 1879 in dem „American Journal of mathematics pure and applied“ und hatte den Mathematiker Woolsey

Johnson zum Verfasser. Eine Verallgemeinerung der Theorie dieses Gelehrten veröffentlichte dann in demselben Journal Professor Story. In Deutschland gab der Verfasser dieses Buches eine gemeinverständliche, für Laien bestimmte Erörterung des Spiels. Dieselbe erschien 1880 in Hamburg als kleine Broschüre unter dem Titel „Theoretische Entscheidung über das Boss-Puzzle-Spiel, allgemein verständlich dargestellt mit Anleitung zur schnellen Bildung lösbarer und unlösbarer Aufgaben." In den folgenden Auseinandersetzungen schliesst sich der Verfasser im wesentlichen an die in diesem Büchelchen niedergelegten Erörterungen an, da die von anderen aufgestellten theoretischen Prüfungen des Spiels für Nichtmathematiker schwerer verständlich sind. Mit Recht wird man nach dem Erfinder dieses fesselnden Geduldspiels fragen. Darüber ist nichts weiter bekannt, als was der Mathematiker Sylvester, Professor an der Hopkinsuniversität zu Baltimore, auf der Jahresversammlung der „Association française pour l'avancement des sciences" in Reims mitteilte. Danach soll im Dezember 1878 das Spiel von einem taubstummen Amerikaner erfunden sein, als derselbe Nummern, die in einem Kästchen lagen und in Unordnung geraten waren, in die natürliche Reihenfolge bringen sollte. Aus irgend welchem Grunde nahm er eine Nummer heraus, und suchte nun, durch blosses Schieben sein Ziel zu erreichen.

Wir gehen nun zu der Erörterung des ursprünglichen Boss-Puzzle-Problems über. Dasselbe verlangt, in einem quadratischen Kästchen, das für 16 gleich grosse Steine mit quadratischer

Oberfläche gerade Platz hat, aber nur 15 solche mit den Zahlen von 1 bis 15 beschriebene und sich berührende Steine enthält, diese Steine, wenn sie beliebig liegen, durch blosses Verschieben so zu ändern, dass die folgende Figur entsteht:

1	2	3	4
5	6	7	8
9	10	11	12
13	14	15	

Die durch diese Figur bestimmte Stellung der 15 Steine zu einander wollen wir die reguläre Stellung nennen. Beispielweise sei die folgende Stellung durch Verschieben in die reguläre überzuführen:

1	6	2	3
5	10	7	4
11	8	12	15
9	13	14	

Unter anderm wird man dieses Problem dadurch lösen können, dass man bei der gegebenen Anfangsstellung zunächst den mit 15 beschriebenen Stein auf das leere Feld rückt, und dann die drei Steine 11, 8, 12 nach rechts schiebt. Aus der so gewonnenen Stellung:

1	6	2	3
5	10	7	4
	11	8	12
9	13	14	15

kann man nach und nach die folgenden Stellungen leicht durch Schieben erreichen:

1	6	2	3
5	10	7	4
9	11	8	12
13	14	15	

1	6	2	3
5	10	7	4
9	11		8
13	14	15	12

1		2	3
5	6	7	4
9	10	11	8
13	14	15	12

1	2	3	4
5	6	7	
9	10	11	8
13	14	15	12

Aus der letzten dieser vier Stellungen kann man nun aber die reguläre Stellung sofort dadurch erreichen, dass man die Steine 8 und 12 nach aufwärts schiebt.

Es fragt sich zunächst, wieviel Probleme möglich sind, d. h., wieviel verschiedene Anordnungen sich den 15 Steinen geben lassen, wobei vorausgesetzt werden soll, dass bei jedem Problem das leere Feld, wie bei der regulären Stellung, rechts unten ist. Um zu finden, wieviel Anordnungen sich bei 15 Dingen bewerkstelligen lassen, fangen wir mit 2 Dingen a und b an. Dieselben können nur zwei Anordnungen haben, nämlich a b und b a. Bei drei Dingen giebt es schon dreimal soviel, also 6, weil a vor b c und vor c b gesetzt werden kann, und ebenso zwei Anordnungen da sind, die mit b beginnen und zwei, die mit c anfangen. Hieraus folgt wieder, dass vier Dinge a, b, c, d viermal soviel, also $4 . 3 . 2 = 24$ verschiedene Anordnungen haben können. Also kann man, so fortfahrend, erkennen, dass die 15 Steine des Boss-Puzzle

$$2.3.4.5.6.7.8.9.10.11.12.13.14.15$$

Anordnungen haben können. Rechnet man dieses Multiplikationsexempel aus, so erhält man die stattliche Anzahl von

1 Billion 307 674 Millionen und 365 000

Boss-Puzzleaufgaben. Dieselbe Zahl ergiebt sich natürlich auch, wenn man fragt, wieviel Platzverschiedenheiten eine Tischgesellschaft von 15 Personen haben kann, wobei es natürlich schon als eine neue Platzordnung zu betrachten ist, wenn auch nur zwei Personen ihre Plätze vertauscht haben. Wollte also eine solche Tischgesellschaft von 15 Personen alle Tage anders sitzen, so brauchte sie über 3600 Millionen Jahre dazu, alle denkbaren Anordnungen durchzusitzen; und selbst, wenn die 15 Personen imstande wären, alle Sekunde eine neue Ordnung einzunehmen, so würden sie ohne Unterbrechung über 41 000 Jahre daran arbeiten müssen, ehe sie alle möglichen Platzverschiedenheiten durchprobiert hätten. Dieses Beispiel giebt vielleicht eine Ahnung von der Grösse der berechneten Anzahl aller Boss-Puzzleaufgaben.

Wer eine dieser Aufgaben zu lösen unternimmt, wird bald die ersten 12 Steine durch Schieben auf ihre richtigen Plätze bringen können. Dann aber wird er in der vierten Reihe eine der folgenden 6 Stellungen erhalten müssen:

1) 13, 14, 15; 2) 14, 15, 13; 3) 15, 13, 14;
4) 13, 15, 14; 5) 14, 13, 15; 6) 15, 14, 13.

Die Erfahrung wird dann jedem bald zeigen, dass man das durch die erste Stellung angegebene Ziel auch bei der zweiten und dritten Stellung durch Mitbenutzung der Steine 9, 10, 11, 12 der dritten Reihe erreichen kann, und zwar nach mindestens 18maligem Rücken eines Steines, dass man aber bei der vierten, fünften und sechsten Stellung die geforderte reguläre Stellung nicht erreichen kann. Die Lösung einer solchen Aufgabe kann nur durch Betrug oder Taschenspielerei bewerkstelligt werden. Man gelangt nämlich immer dann zur Lösung, wenn man irgendwann, statt zu schieben, einmal zwei Steine ihre Plätze wechseln lässt, was aber natürlich der Spielregel widerspricht.

Um der Theorie der Boss-Puzzle-Aufgaben näher treten zu können, gehen wir von folgenden einfachen Überlegungen aus. Unter „Zug“ im Boss-Puzzle-Spiel verstehen wir die Verschiebung eines Steines auf den benachbarten leeren Platz. Bewegen wir nun einen Stein von seinem anfänglichen Platze fort, schieben dann so, dass er weiter wandern kann, und lassen ihn nun so beliebige und beliebig unterbrochene Wanderungen ausführen, aber derartig, dass er schliesslich einmal auf seinen alten Platz zurückkehrt, so hat der Stein immer eine gerade Anzahl von Zügen ausgeführt, gleichviel, welche Platzänderungen die übrigen Züge dabei erlitten haben. Denn jeder Zug in horizontaler oder vertikaler Richtung muss irgendwann und irgendwo einmal wieder durch eine parallele Verschiebung in entgegengesetzter Richtung rückgängig gemacht sein. Was hiermit von einem Stein als richtig erkannt ist, muss auch für das leere Feld gelten, welches ja auch bei jedem Zuge horizontal oder vertikal um einen Schritt vorwärts oder rückwärts wandert. Hieraus geht aber folgende Wahrheit hervor: „Wird eine Stellung der 15 Steine durch beliebig fortgesetzte Verschiebung in eine andere Stellung überführt, bei welcher der leere Platz wieder da ist, wo er vorher war; so ist die Gesamtsumme aller der während der Überführung der einen Stellung in die andere ausgeführten Züge eine gerade Zahl.“ Bei jeder solchen Verschiebung kann man sich denken, dass der zuerst auf den leeren Platz unten rechts gerückte Stein nach einander mit sämtlichen sonst noch gezogenen Steinen den Platz wechselt. Beispielsweise ziehen wir, von der regulären Stellung ausgehend, nach einander die Steine:

12, 8, 7, 3, 2, 6, 10, 14, 15, 12,

sodass wir als neue Stellung erhalten:

1	6	2	4
5	10	3	7
9	14	11	8
13	15	12	

Die vorgenommene Verschiebung können wir uns nun durch eine Vertauschungsfolge ersetzt denken, wenn wir uns vorstellen, dass der leere Platz immer von dem zuerst gezogenen Stein 12 besetzt ist. Stein 12 tauscht dann zuerst mit 8, dann mit 7, dann mit 3, mit 2, mit 6, mit 10, mit 14, endlich mit 15. Es sind also bei den 10 Zügen 8 Platzwechsel vorgekommen, nämlich 2 Platzwechsel weniger als Züge, weil das Hineinrücken der 12 in den leeren Platz und das Entfernen von demselben keinen Tausch von Steinen veranlasst. So muss es aber bei jeder noch so komplizierten Verschiebung sein; immer kann man sagen, dass der zuerst auf den leeren Platz gerückte Stein mit allen sonst noch gezogenen Steinen tauscht. Dabei ist die Zahl der gedachten Vertauschungen immer um 2 kleiner als die Zahl der Züge. Da nun die Zahl der Züge, wie schon oben eingesehen ist, eine gerade sein muss, eine um 2 verminderte gerade Zahl aber wiederum gerade ist, so ist auch die Zahl der vorgekommenen Vertauschungen eine gerade. Statt die Vertauschung mit Stein 12 zu beginnen, kann man sie natürlich mit irgend einem der gezogenen Steine beginnen, z. B. mit 3. Es tauscht dann 3 mit 2, dann mit 6, mit 10, mit 14, mit 15, dann über das leere Feld schräg mit 12, dann mit 8, endlich mit 7. Oft kehren Steine im Laufe der Verschiebungen wieder auf ihre Plätze zurück. Da sie dazu eine gerade Zahl von Zügen brauchen, so bleibt die Zahl der Vertauschungen gerade, wenn man solche Vertauschungen die aus rückkehrenden Steinen entstanden sind, nicht mitzählt. Zieht man z. B., von der regulären Stellung ausgehend, nach einander die Steine

15, 14, 10, 11, 7, 6, 11, 10, 14, 15,

so kann man, statt 15 mit 14, dann mit 10, mit 11, mit 7, mit 6, mit 11, mit 10, endlich mit 14 tauschen zu lassen, auch bloss 11 mit 7 und dann 11 mit 6 tauschen lassen, um die neue Stellung zu erzielen. Jedenfalls erhält man auch dann eine gerade Anzahl von Vertauschungen. Wenn also zwei Stellungen durch Verschieben aus einander hervorgehen, so kann man sie auch durch eine gerade Anzahl von Vertauschungen zweier benachbarter Steine in einander überführen. Befolgt man dabei nun nicht gerade die aus der Verschiebung selbst resultierende Vertauschungs-Ordnung, sondern irgend welche andere, bei der man auch das

Ziel erreicht, so macht man vielleicht mehr oder weniger Vertauschungen, jedenfalls aber eine gerade Zahl mehr oder weniger, weil man eine gerade Zahl von Vertauschungen vornehmen muss, um aus einer gewissen Anordnung von Dingen dieselbe Anordnung wieder zu erhalten. Hieraus kann man also das folgende Resultat erschliessen: „Ist eine alte Stellung der 15 Steine des Boss-Puzzle durch blosses Verschieben in eine neue übergeführt, bei welcher der leere Platz wieder auf sein altes Feld zurückgekehrt ist, so muss die Zahl der Vertauschungen, die man mit je zwei benachbarten Steinen vornehmen muss, um ebenfalls aus der alten Stellung die neue zu erhalten, gerade sein."

Wenn man nun zwei nicht benachbarte Steine ihre Plätze wechseln lässt, z. B. bei der regulären Stellung 2 und 11, so kann man diesen Tausch auch durch mehrmalige Vertauschung je zweier benachbarter Steine ersetzen. Man hat nämlich 2 mit 3, 2 mit 7, 2 mit 11 und dann nur noch 7 mit 11, 7 mit 2 die Plätze wechseln zu lassen. Man sieht also, dass die Vertauschung zweier nicht benachbarter Steine immer dadurch geleistet werden kann, dass man soviel Vertauschungen je zweier Nachbarsteine vornimmt, als die um 1 verminderte doppelte Anzahl der Züge beträgt, welche man von dem Platz des einen Steins zum Platz des andern Steins machen müsste. Wenn man also Vertauschungen zweier nicht benachbarter Steine vornimmt, so erreicht man dasselbe Ziel auch dadurch, dass man eine gerade Anzahl öfter zwei benachbarte Steine vertauscht. Wir erhalten deshalb das folgende wichtige Resultat:

Wenn man zwei durch blosses Verschieben ineinander überführbare Stellungen der 15 Steine des Boss-Puzzle dadurch ineinander überführt, dass man auf irgend welche Weise immer je zwei beliebige Steine mit einander vertauscht, so nimmt man stets eine gerade Zahl von Vertauschungen vor.

Es wird zweckmässig sein, dieses Resultat durch einige Beispiele zu erhärten:

1. Man gehe von der regulären Lage der Steine aus, schiebe auf den leeren Platz den Stein 12, auf den dann leer gewordenen Platz den Stein 11, auf den so erhaltenen leeren Platz den Stein 15 und auf dessen Platz den Stein 12. Dann kann man die neue Stellung auch dadurch erzielen, dass man erst Stein 11 und 12 und darauf Stein 12 mit Stein 15 vertauscht. Man hat dann zwei, also eine gerade Anzahl von Vertauschungen vorgenommen.

2. Man gehe von der regulären Stellung aus und rücke auf den jedesmal leeren Platz die Steine:

12, 11, 10, 14, 15, 10, 14, 9, 13, 15, 10, 14,
9, 10, 15, 13, 10, 9, 11, 12.

Dadurch erhält man als neue Stellung:

1	2	3	4
5	6	7	8
10	9	11	12
13	15	14	

Die neue Platzordnung geht aber auch aus der alten durch eine gerade Anzahl von Vertauschungen hervor, nämlich durch den Platzwechsel der Steine 9 und 10, sowie der Steine 14 und 15.

3. Man verschiebe die Stellung.

1	3	4	7
5	2		8
9	6	11	12
13	14	10	15

in

1	2	3	4
5	6		7
9	10	11	8
13	14	15	12

Dies kann z. B. durch die Züge

11, 10, 15, 12, 8, 7, 4, 3, 2, 6, 10, 11

bewerkstelligt werden. Wie man nun auch versuchen mag, durch Platzwechsel von Steinen aus der alten Stellung zur neuen zu gelangen, immer wird man eine gerade Zahl von Vertauschungen vorzunehmen haben, beispielsweise durch aufeinanderfolgendes Wechseln der Steine:

15 und 4, 15 und 3, 15 und 10, 10 und 2,
10 und 6, 8 und 4, 8 und 12, 7 und 4.

Dies sind aber 8 Vertauschungen.

Unsere obigen Überlegungen ergeben auch die Umkehrung des oben ausgesprochenen Resultats. Diese Umkehrung lässt sich so aussprechen:

Eine alte Stellung der 15 Steine des Boss-Puzzle ist in eine neue Stellung überführbar oder nicht, je nachdem die Anzahl der irgendwie vorgenommenen Vertauschungen, welche gleichfalls aus der alten Stellung die neue herstellen können, gerade ausfällt oder nicht.

Die folgenden Beispiele bestätigen diese Regel.

1. Als das Boss-Puzzlespiel aufgekommen war und viele Menschen beschäftigte, spielte namentlich die Aufgabe eine Rolle, welche verlangt, die Stellung, bei der Stein 15 vor Stein 14 am Schluss steht, sonst aber alle Steine die regulären Plätze einnehmen, in die reguläre Stellung zu verschieben. Diese Aufgabe erweist sich nach unsrer Regel als unlösbar, weil eine einzige Vertauschung zweier Steine dasselbe Ziel erreicht und 1 eine ungerade Zahl ist. Aus demselben Grunde sind auch die beiden Aufgaben unlösbar, bei denen die Steine 1 bis 12 an ihren richtigen Plätzen stehen, dann aber 14, 13, 15 oder 15, 14, 13 folgt. Dagegen sind lösbar die beiden Aufgaben, bei denen die Steine der drei ersten Reihen wieder regulär stehen, dann aber in der vierten Reihe

14, 15, 13 oder 15, 13, 14

folgt. Denn hier erreicht man durch 2 Vertauschungen die reguläre Stellung 13, 14, 15 und 2 ist eine gerade Zahl.

2. Man hat sich die Aufgabe gestellt, durch Verschieben die erste der beiden folgenden Stellungen in die zweite überzuführen:

1	2	3	4
5	6	7	8
9	10	11	12
15	14	13	

in

4	3	2	1
5	14	13	12
6	15		11
7	8	9	10

Unsere zweite Regel entscheidet sofort darüber, ob es möglich oder unmöglich ist. Man schiebe zunächst so, dass der leere Platz bei beiden Stellungen an demselben Orte ist, also etwa in der ersten Stellung 12 auf den leeren Platz und auf den dadurch leer gewordenen Platz den Stein 11. Dann kann man etwa so tauschen:

4 mit 1, 2 mit 3, 9 mit 6, 15 mit 7, 14 mit 8,
13 mit 9, 12 mit 10, 14 mit 12, 15 mit 13, 14 mit 15.

Da man durch zehn, also eine gerade Zahl von Vertauschungen, auch zum Ziele gelangen kann, so ist die gestellte Aufgabe lösbar.

3. Um zu prüfen, ob man die Stellung:

4	3	2	1
8	7	6	5
12	11	10	9
	15	14	13

in die reguläre verschieben kann, schiebe man 13, 14, 15 nach links, sodass der leere Platz an seine richtige Stelle kommt. Dann erkennt man sofort, dass man nur die Steine 4 und 1, 3 und 2, 8 und 5, 7 und 6, 12 und 9, 11 und 10, 13 und 15 zu vertauschen braucht, um die reguläre Stellung zu erzielen. Da 7 Vertauschungen, also eine ungerade Anzahl, zu diesem Ziele führen, so ist die Aufgabe unlösbar.

Aus unsern beiden, oben bewiesenen Regeln folgen ohne weiteres auch die folgenden vier Zusätze:

1. Zwei Stellungen, die sich durch Verschieben in eine und dieselbe dritte Stellung bringen lassen, sind auch ineinander verschiebbar.

2. Zwei Stellungen, die sich beide nicht in eine und dieselbe dritte Stellung verschieben lassen, sind ineinander verschiebbar.

3. Zwei Stellungen, von denen die eine in eine dritte verschoben werden kann, die andere aber nicht, lassen sich nicht ineinander verschieben.

4. Jede Stellung, die nicht durch Verschieben in die reguläre Stellung übergehen kann, wird zu einer Stellung, die in die reguläre verschoben werden kann, wenn man einmal oder eine ungerade Anzahl Male entweder zwei Steine vertauscht, oder, was auf dasselbe hinauskommt, einen Stein oder eine ungerade Anzahl von Steinen überspringt.

Wenn bei einer Boss-Puzzleaufgabe, welche die Verschiebung in die reguläre Stellung verlangt, viele Steine zufällig auf ihren richtigen Plätzen liegen, so wird man schnell die Zahl der Vertauschungen übersehen, die vorzunehmen sind, um die übrigen Steine richtig zu ordnen. Fällt jene Zahl gerade aus, so ist die Aufgabe lösbar, fällt sie ungerade aus, unlösbar. Wenn aber bei einer verwickelteren Aufgabe sehr wenige oder gar kein Stein an seinem richtigen Platze liegt, so wären viele Vertauschungen vorzunehmen, um die Entscheidung über die Lösbarkeit treffen zu können. Man thut dann gut, die Vertauschungen ordnungsmässig in Reihen zusammenzufassen und so übersichtlicher zu gestalten, wie das folgende Beispiel verdeutlicht:

Es sei zu prüfen, ob die erste der beiden folgenden Stellungen in die zweite reguläre verschoben werden kann:

2	4	6	8
5	3	10	12
1	14	11	7
9	13	15	

in

1	2	3	4
5	6	7	8
9	10	11	12
13	14	15	

Da auf dem ersten Felde oben links der Stein 2 liegt, der Stein 1 aber nachher liegen soll, so vertauscht man die beiden, dann legt man Stein 2 an die Stelle, wo 4 liegt, den Stein 4 dahin, wohin er gehört, also auf das Feld, wo Stein 8 liegt, dann werden in derselben Weise die Steine 12, 7, 10, 14, 13, 9 herausgenommen, und schliesslich wird der Stein 9 auf den Platz gelegt, wo anfänglich der Stein 1 lag. Auf diese Weise bilden die Steine:

1, 2, 4, 8, 12, 7, 10, 14, 13, 9

einen Vertauschungskreis, der aus 9 Vertauschungen besteht, an denen 10 Steine teilnehmen. Ebenso bilden die Steine 3 und 6 einen zweiten Kreis, der aus 1 Vertauschung von 2 Steinen besteht. Endlich bleiben noch drei Steine, nämlich 5, 11, 15 übrig, die schon auf ihren richtigen Plätzen liegen. Man kann also sagen, dass noch 3 Vertauschungskreise hinzukommen, deren jeder aus 0 Vertauschungen und einem Steine besteht. In jedem Falle kommt also heraus, dass ein Vertauschungskreis einen Stein mehr umfasst, als Vertauschungen darin vorkommen. In unserm Beispiel haben wir 5 Vertauschungskreise, also 5 Steine mehr als Vertauschungen. Folglich ist immer die Gesamtzahl der Vertauschungen gleich dem Überschuss der Steinzahl über die Zahl der Vertauschungskreise, in unserm Beispiel gleich 15 — 5 = 10. Da 10 gerade ist, so ist die Aufgabe lösbar. Demnach haben wir die folgende Hauptregel abgeleitet:

Eine Boss-Puzzlestellung ist in eine andere verschiebbar oder nicht, je nachdem der Überschuss der Steinzahl über die Zahl der Vertauschungskreise, die man durchwandern muss, um die alte Stellung in die neue zu verwandeln, gerade ausfällt oder ungerade.

Diese Hauptregel ermöglicht die denkbar schnellste Entscheidung über die Lösbarkeit von Boss-Puzzleaufgaben. Man verfährt behufs solcher Entscheidung am zweckmässigsten, wenn man sich die beiden Stellungen, die ineinander verschoben werden sollen, der Reihe der

Zahlen nach, unter einander schreibt. Dann kann man mit dem Auge schnell und sicher die Vertauschungskreise erkennen, und demgemäss nach dem obigen Satze die Entscheidung treffen. Zur Verdeutlichung dienen die folgenden Beispiele:

1. Es sei zu prüfen, ob die erste der beiden folgenden Stellungen in die zweite reguläre verschiebbar ist:

6	8	12	11
5	14	4	1
13	15	2	9
3	10	7	

in

1	2	3	4
5	6	7	8
9	10	11	12
13	14	15	

Man schreibe die in gleichliegenden Feldern stehenden Zahlen unter einander, um die Vertauschungskreise leichter zu erkennen. Also:

6	8	12	11	5	14	4	1	13	15	2	9	3	10	7
1	2	3	4	5	6	7	8	9	10	11	12	13	14	15

Man erkennt nun leicht die drei Vertauschungskreise:

1) 1, 6, 14, 10, 15, 7, 4, 11, 2, 8;
2) 3, 12, 9, 13;
3) 5.

Die Zahl 3 der Vertauschungskreise, abgezogen von der Anzahl 15 der Steine, ergiebt die gerade Zahl 12. Also sind die beiden Stellungen ineinander verschiebbar.

2. Man habe zu prüfen, ob die beiden folgenden Stellungen ineinander verschiebbar sind:

14	2	13	1
9	8	3	6
4	7	5	12
11	15	10	

in

13	5	11	4
14	3	6	8
2	7	1	12
15	10	9	

Man schreibe die beiden Stellungen so wie im ersten Beispiel, also:

14	2	13	1	9	8	3	6	4	7	5	12	11	15	10
13	5	11	4	14	3	6	8	2	7	1	12	15	10	9

Hieraus erkennt man die folgenden 5 Vertauschungskreise:

1) 13, 14, 9, 10, 15, 11;
2) 5, 2, 4, 1;
3) 3, 8, 6;
4) 7;
5) 12.

Nun ist $15 - 5 = 10$ gerade. Deshalb sind die beiden vorgelegten Stellungen durch Verschieben ineinander überzuführen.

Unsere Hauptregel giebt uns auch die Entscheidung darüber, ob bei einer vorliegenden Stellung die Steine in richtige Reihenfolge gebracht werden können, ohne dass gerade die Stellung erzielt wird, die oben als regulär bezeichnet ist. Es giebt im ganzen 8 Stellungen, bei denen man sagen kann, dass die Zahlen auf den Steinen in natürlicher Reihenfolge stehen; und unsere Hauptregel ergiebt dann leicht, dass diese 8 Stellungen in zwei Gruppen von je 4 so zerfallen, dass die 4 Stellungen jeder Gruppe ineinander verschiebbar sind, dass aber keine Stellung einer Gruppe in eine Stellung der andern Gruppe verschiebbar ist. Die beiden Gruppen sind folgende:

Erste Gruppe.

1	2	3	4
5	6	7	8
9	10	11	12
13	14	15	

1	5	9	13
2	6	10	14
3	7	11	15
4	8	12	

	12	8	4
15	11	7	3
14	10	6	2
13	9	5	1

	15	14	13
12	11	10	9
8	7	6	5
4	3	2	1

Zweite Gruppe.

4	3	2	1
8	7	6	5
12	11	10	9
	15	14	13

13	9	5	1
14	10	6	2
15	11	7	3
	12	8	4

4	8	12	
3	7	11	15
2	6	10	14
1	5	9	13

13	14	15	
9	10	11	12
5	6	7	8
1	2	3	4

Da jede beliebige Stellung der 15 Steine des Boss-Puzzle, die nicht in eine bei der ersten Gruppe angegebene Stellung durch Verschieben gebracht werden kann, notwendig in eine Stellung der zweiten Gruppe verschiebbar sein muss, so kann man jede Boss-Puzzleaufgabe lösbar nennen, wenn man unter „lösen“ versteht, die vorgeschriebene Stellung in irgend eine der obigen acht Stellungen zu verschieben. Da zwei Stellungen der zweiten Gruppe aus der regulären Stellung hervorgehen, indem man dieselbe in einem Spiegel betrachtet, der senkrecht auf der Ebene des

Boss-Puzzlequadrats und parallel einer Seite desselben ist, so kann man auch sagen, dass jede Stellung der 15 Steine durch Verschieben in eine Stellung gebracht werden kann, die entweder selbst regulär ist, oder, in einem Spiegel betrachtet, regulär erscheint.

Bisher ist das Boss-Puzzlespiel immer nur unter der Annahme betrachtet, dass 15 Steine in einem Kästchen liegen, der für 4 mal 4 Steine Platz hat. Alle obigen Erörterungen bezüglich der Vertauschungen und Vertauschungskreise gelten jedoch auch, wenn das rechteckige Kästchen für a . b Steine Platz hat und a . b — 1 Steine wirklich enthält. Insbesondere ist auch die zuletzt abgeleitete Hauptregel so ausgesprochen, dass sie auf diesen allgemeineren Fall unmittelbar angewandt werden kann, wie folgende Beispiele zeigen:

1. Es sei zu prüfen, ob verschoben werden kann:

5	2	8
3	7	6
1	4	

in

1	2	3
4	5	6
7	8	

Aus der bequemeren Schreibweise:

5	2	8	3	7	6	1	4
1	2	3	4	5	6	7	8

ergeben sich vier Vertauschungskreise, nämlich:

1) 1, 5, 7;
2) 2;
3) 3, 8, 4;
4) 6.

Da die Steinzahl 8 beträgt und $8 - 4 = 4$ eine gerade Zahl ist, so sind die gegebenen beiden Stellungen ineinander verschiebbar.

2. Es sei zu entscheiden, ob die beiden folgenden Stellungen durch Schieben ineinander übergeführt werden können:

1	2	3
4	5	6
7	8	9
10	11	12
13	14	15
16	17	18
19	20	

in

1	2	3
16	15	4
17	14	5
18	13	6
19	12	7
20	11	8
	10	9

Schiebt man bei der zweiten Stellung die beiden Steine 10 und 9 beide nach links, damit der leere Platz bei beiden Stellungen gleich liegt, so hat man anzusetzen:

1	2	3	4	5	6	7	8	9	10	11	12	13	14	15	16	17	18	19	20
1	2	3	16	15	4	17	14	5	18	13	6	19	12	7	20	11	8	10	9

Hieraus gehen die folgenden vier Vertauschungskreise hervor:

1) 1;
2) 2;
3) 3;
4) 4, 16, 20, 9, 5, 15, 7, 17, 11, 13, 19, 10, 18, 8, 14, 12, 6.

Da 20 — 4 = 16 gerade ist, so sind die beiden vorgeschriebenen Stellungen ineinander verschiebbar.

Bald nach Erfindung des Boss-Puzzlespiels tauchte in Deutschland eine Variante desselben auf, die dasselbe in Zusammenhang mit magischen Quadraten brachte und verlangte, die reguläre Stellung durch Schieben in eine Stellung zu verwandeln, bei welcher, nachdem in das leere Feld die Zahl 16 gesetzt ist, aus allen horizontalen, vertikalen und diagonalen Reihen dieselbe Summe sich ergeben sollte. Der Verfasser möchte hierzu bemerken, dass es viel näher liegt, das leere Feld gar nicht mitzuzählen und also mit der Zahl 0 ausgefüllt zu denken. Sachlich wird dadurch das Problem nicht wesentlich geändert, praktisch aber insofern, als man dann nicht noch einen neuen Stein braucht, um das leere Feld auszufüllen. Am einfachsten entsteht ein magisches Quadrat der 16 Zahlen von 0 bis 15, in dem man diese Zahlen sich der Reihe nach in die 16 Felder schreibt, bei den acht Feldern aber, die nicht die Mitte und die Ecken bilden, die Zahl wählt, die sich ergiebt, wenn man die eigentlich dort hineingehörige Zahl von 15 subtrahiert. Es handelt sich also darum, die linke von den beiden folgenden Stellungen in die rechte überzuführen:

1	2	3	4
5	6	7	8
9	10	11	13
13	14	15	

in

15	1	2	12
4	10	9	7
8	6	5	11
3	13	14	

Das zweite Quadrat ist magisch, da sich aus den vier horizontalen, den vier vertikalen und den beiden diagonalen Reihen dieselbe Summe 30 ergiebt. Es fragt sich aber, ob die Überführung der einen Stellung in die andere durch Verschiebung möglich ist. Unsere Hauptregel verneint diese Frage, da 4 Vertauschungskreise vorliegen und 15 — 4 eine ungerade Zahl darstellt. Hieraus können wir aber, nach den vorangehenden Erörterungen, schliessen, dass sich die reguläre Stellung in das S p i e g e l b i l d der zweiten Stellung verschieben lässt, also in:

12	2	1	15
7	9	10	4
11	5	6	8
	14	13	3

und dies ist ein Quadrat, das die Bedingungen eines magischen Quadrats ebenso gut erfüllt, wie das frühere.

Ebenso erkennt man leicht, dass die reguläre Stellung von 8 Steinen in 3 mal 3 Feldern in ein magisches Quadrat mit der konstanten Summe 12 verschoben werden kann, nämlich:

1	2	3
4	5	6
7	8	

in

3	8	1
2	4	6
7		5

§ 16.

Aufgaben der erschwerten Überfahrt.

Von den Aufgaben der erschwerten Überfahrt ist am bekanntesten die folgende: Ein Wolf, eine Ziege und ein Kohlkopf sollen über einen Fluss in einem Boote übergesetzt werden, das ausser für den Fährmann nur noch für den Wolf allein, die Ziege allein oder der Kohlkopf allein Platz hat, wobei vermieden werden soll, dass der Wolf die Ziege oder die Ziege den Kohlkopf frisst, was bei Abwesenheit des Fährmanns zu befürchten steht. Die sehr naheliegende Lösung besteht darin, dass der Fährmann zuerst die Ziege überfährt, weil der Wolf den Kohlkopf nicht frisst. Darauf wird der Kohlkopf geholt und bei der Rückfahrt die Ziege wieder nach dem ersten Ufer transportiert. Nun lässt der Fährmann die Ziege auf dem ersten Ufer allein und fährt den Wolf über, der nun auf dem zweiten Ufer nur den Kohlkopf vorfindet. Endlich fährt der Fährmann noch die Ziege hinüber, sodass im ganzen vier Hin- und Rückfahrten erforderlich sind. Natürlich konnte bei der zweiten Hinfahrt statt des Kohlkopfs auch der Wolf übergesetzt werden, und bei der dritten Hinfahrt dann umgekehrt.

Diese wahrscheinlich schon aus dem Altertum stammende Aufgabe wurde von Bachet in seinen „Problèmes plaisants et délectables (1612)“ wieder ans Tageslicht gezogen und um mehrere Aufgaben vermehrt, die sich auf eine Überfahrt unter erschwerenden Bedingungen beziehen. Die leichteste von diesen Aufgaben ist die folgende: Eine Korporalschaft Soldaten soll einen Fluss überschreiten. Eine Brücke ist nicht vorhanden und Schwimmen ist zu gefährlich. Nur ein kleines Boot ist vorhanden, in welchem sich zwei Knaben belustigen. Dieses Boot kann wohl die beiden Knaben tragen, ist aber nicht imstande, mehr als einen einzigen Soldaten zu tragen. Wie ist die Überfahrt zu bewerkstelligen? Die Lösung ist folgende: Zuerst fahren die beiden Knaben über, der eine bleibt auf dem zweiten Ufer zurück, der andere fährt zum ersten Ufer zurück. Darauf fährt ein Soldat über und der auf dem zweiten Ufer zurückgebliebene Knabe fährt das Boot zurück. So gelingt es durch zwei Hin- und Rückfahrten einen einzigen Soldaten überzusetzen. Dasselbe Verfahren ist nun für jeden einzelnen Soldaten der Korporalschaft zu wiederholen, sodass doppelt so viel Hinfahrten erforderlich sind, wie Soldaten überzusetzen waren.

Schwieriger schon ist das Problem „der drei Herren und der drei Sklaven“, das folgendermassen lautet: Über einen Fluss haben sich drei Herren und drei Sklaven in einem Boote überzusetzen, das keinen Fährmann hat und in dem nur für zwei Personen Platz ist. Da aber zu befürchten steht, dass die Sklaven jeden Moment, wo sie in grösserer Anzahl als die Herren zusammen sind, benutzen, um ihre Herren zu erschlagen, so dürfen weder am ersten noch am zweiten Ufer jemals mehr Sklaven als Herren da sein. Wie ist die Überfahrt einzurichten? Die Lösung ist folgende:

1. Zwei Sklaven fahren über und einer von ihnen zurück;

2. Der zurückgekehrte Sklave fährt mit dem dritten Sklaven an das jenseitige Ufer und einer von ihnen kehrt zum ersten Ufer zurück;

3. Zwei Herren fahren über und einer von ihnen fährt zusammen mit einem Sklaven zurück;

4. Der zurückgekehrte Herr fährt mit dem dritten Herrn über, worauf der schon am zweiten Ufer befindliche Sklave zurückfährt;

5. Zwei von den drei nunmehr wieder am ersten Ufer befindlichen Sklaven fahren über und ein Sklave zurück;

6. Dieser Sklave fährt mit dem dritten Sklaven über.

Es sind hiernach 6 Hinfahrten und 5 Rückfahrten erforderlich. In weniger Fahrten ist der Transport nicht möglich, wohl aber auf mannigfache Weise in mehr Fahrten. Auch ist die angegebene Lösung, abgesehen von unwesentlichen Varianten die einzige Lösung für die Minimalzahl der Fahrten. Der besseren Übersicht wegen stellen wir die Anzahl der nach jeder Überfahrt am zweiten Ufer befindlichen Herren und Sklaven zusammen, indem wir Herren durch H, Sklaven durch S abkürzen:

1) 2 S.; 2) 3 S.; 3) 2 H., 2 S.; 4) 3 H., 1 S.; 5) 3 H., 2 S.; 6) 3 H., 3 S.

Eine elegante Variante dieser Aufgabe, die deren Schwierigkeit nur scheinbar erhöht, ist das Problem der drei eifersüchtigen Ehepaare. Dasselbe findet sich schon bei dem um die Mitte des 16. Jahrhunderts lebenden italienischen Mathematiker Tartalea. Das Problem lässt sich etwa so aussprechen:

Drei Ehepaare haben sich über einen Fluss vermittelst eines Bootes überzusetzen, das keinen Fährmann hat und nur für zwei Personen Platz hat. Auch die Damen können sowohl allein überfahren, wie auch allein auf einem Ufer bleiben. Die Eifersucht treibt aber zu dem Abkommen, dass weder auf dem ersten Ufer, noch auf dem zweiten Ufer, geschweige denn im Boote, eine Frau sich in der Gesellschaft eines oder zweier Männer befinden darf, wenn ihr eigener Gatte nicht gleichfalls anwesend ist. Ja, die Eifersucht geht so weit, dass eine Frau ohne ihren Gatten auch nicht einmal mit einem Ehepaare zusammen sein darf, so dass also auch niemals mehr Frauen als Männer auf einem Ufer zusammenbleiben dürfen. Wie ist die Überfahrt zu bewerkstelligen?

Um empirisch auf die Lösung zu kommen, benutze man aus einem Kartenspiele den König und die Dame von drei Kartengattungen und betrachte immer König und Dame einer und derselben Kartengattung als ein Ehepaar. Als einfachste Lösung des Problems ergiebt sich folgende:

1. Zwei Frauen fahren über;
2. Eine Frau fährt zurück und holt die dritte.

3. Eine von den drei nunmehr am jenseitigen Ufer befindlichen Frauen fährt zurück und bleibt mit ihrem Gatten am diesseitigen Ufer, während die beiden andern Männer überfahren und am andern Ufer ihre Frauen treffen;

4. Ein Ehepaar fährt zurück, von dem die Gattin am jenseitigen Ufer bleibt, während der Gatte mit dem noch diesseits befindlichen Manne überfährt;

5. Die schon am jenseitigen Ufer befindliche Frau fährt zurück und holt die eine von den beiden noch am diesseitigen Ufer befindlichen Frauen;

6. Von einer der beiden schon jenseits befindlichen Frauen wird die dritte hinübergeholt.

In weniger als 6 Hinfahrten und 5 Rückfahrten ist die Überfahrt nicht zu ermöglichen. Die angegebene Lösung, die derjenigen der vorigen Aufgabe ganz analog ist, lässt sich in folgender Weise übersichtlich darstellen, wenn die drei Gatten mit A, B, C, ihre Gattinnen beziehungsweise mit a, b, c bezeichnet werden, und wenn nur die nach jeder Überfahrt am jenseitigen Ufer vorhandenen Personen angegeben werden:

1. a, b; 2. a, b, c; 3. a, b, A, B; 4. a, A, B, C;
5. a, b, A, B, C; 6. a, b, c, A, B, C.

Von den beiden Erweiterungen, welche dieses Problem erfahren hat, ist die leichter lösbare diejenige, in welcher n statt drei Ehepaare überzusetzen sind und zugleich das Boot $n-1$ Personen fasst. Bemerkenswert ist, dass für $n=4$ fünf Hinfahrten und vier Rückfahrten, für $n>4$ aber nur vier Hinfahrten und drei Rückfahrten erforderlich sind. Beispielsweise sei $n = 5$, es sind also 5 Ehepaare in einem Boote überzusetzen, in dem 4 Personen Platz haben. Dann ist die einfachste Lösung folgende:

1. Zuerst setzen vier Frauen über;

2. Eine Frau kehrt zurück, um die fünfte zu holen;

3. Eine Frau kehrt nochmals zurück, bleibt am diesseitigen Ufer mit ihrem Gatten, während die übrigen vier Männer übersetzen;

4. Ein Ehepaar kehrt zurück und holt das noch am diesseitigen Ufer befindliche Ehepaar.

Die zweite Erweiterung des Problems hält daran fest, dass das Boot nur zwei Personen fasst, und verlangt die Überführung von vier Ehepaaren. Schon Bachet erkannte, dass das so erweiterte Problem in dieser Form unlösbar sei. Man erkennt dies leicht, wenn man folgendes bedenkt. Jede Hinfahrt und darauf folgende Rückfahrt kann die Anzahl der jenseits befindlichen Personen nur um eine einzige vermehren. Folglich muss es einmal vorkommen, dass am jenseitigen Ufer fünf Personen sind, falls das Problem überhaupt lösbar sein sollte. Unter diesen fünf Personen können höchstens zwei Frauen sein, da ja sonst die Frauen in der Majorität wären, was mit den Bedingungen des Problems nicht im Einklang stände. Damit aber wäre unumstösslich verbunden, dass gleichzeitig am diesseitigen Ufer entweder zwei Frauen und ein Mann oder drei Frauen weilen müssten. Ersteres ist unmöglich, weil mehr Frauen als Männer wären, was nicht gestattet ist. Aber auch das letztere ist unmöglich, weil, wenn zuletzt zwei Männer übergefahren wären, vorher auf dem diesseitigen Ufer zwei Männer und drei Frauen zusammen gewesen wären, was unstatthaft sein soll, und weil, wenn zuletzt ein Mann und eine Frau übergefahren wäre, ein Mann und vier Frauen vereint gewesen sein müssten, was ebenso wenig erlaubt sein soll. So lässt sich erkennen, dass die Überführung von vier eifersüchtigen Ehepaaren in einem Boote, das nur zwei Personen fassen kann, unter den verlangten erschwerenden Bedingungen unmöglich ist. Wohl aber ist der Transport dann immer möglich, wenn man gestattet, dass auf einer inmitten des Flusses gelegenen Insel Aufenthalt genommen werden darf. Wenn man diese erleichternde Modifikation hinzufügt, so ist der Transport sogar von beliebig vielen Ehepaaren in einem nur zwei Personen fassenden Boote stets ausführbar, wenn man wiederum die erschwerende Bedingung hinzufügt, dass weder an einem Ufer, noch auf der Insel, noch im Boote eine Frau in der Gesellschaft eines Mannes sein darf, wenn ihr Gatte nicht zugleich anwesend ist. Auf diese geistreiche Modifikation des alten Problems der eifersüchtigen Ehepaare machte Herr Cadet de Fontenay Herrn Edouard Lucas 1879 aufmerksam und dieser behandelte das so abgeänderte Problem in seinen „Récréations“. Wenn man mit den grossen Buchstaben A, B, C, D die vier Ehemänner und mit den kleinen Buchstaben a, b, c, d beziehungsweise ihre Gattinnen bezeichnet, so lässt sich für die Zeitpunkte, wo das Boot eben die Insel erreicht hat, die in den „Récréations“ gegebene Lösung in folgender Weise übersichtlich darstellen:

	Diesseits	Insel	Jenseits
1.	A, B, C, D, c, d	a, b	
2.	A, B, C, D, d	a, b, c	
3.	C, D, c, d	A, B, a, b	
4.	C, D, c, d	A, B. b	a
5.	C, D, c, d	B, b	A, a
6.	B, C, D	b, c, d	A, a
7.	D, d	B, C, b, c	A, a
8.	D, d	a, b, c	A, B, C
9.	D, d	C, c	A, B, a, b
10.	d	C, D, c	A, B, a, b
11.	d	b, c	A, B, C, D, a
12.	d	c	A, B, C, D, a, b
13.		c, d	A, B, C, D, a, b
14.			A, B, C, D, a, b, c, d.

II. Abschnitt.

Wahrscheinlichkeitsprobleme.

---

§ 1.

Begriff der Wahrscheinlichkeit; Kombinationszahlen.

Wenn jemand ein Thalerstück zufällig fallen lässt, so ist im allgemeinen kein Grund vorhanden, warum die Bildseite leichter oder schwerer nach oben zu liegen kommt, als die Wappenseite. Wenn er also das Thalerstück sehr oft fallen lässt, so wird etwa die Hälfte der Male die Bildseite nach oben fallen. Dazu kommt noch, dass der Bruch, in dessen Nenner die Zahl steht, welche angiebt, wie oft das Thalerstück überhaupt fällt, und in dessen Zähler die Zahl steht, welche angiebt, wie oft seine Bildseite dabei nach oben fällt, sich um so mehr dem Bruche $\frac{1}{2}$ nähert, je öfter das Experiment wiederholt wird. Man sagt deshalb, der Bruch

$$\tfrac{1}{2} \text{ oder } 50 \text{ Prozent}$$

drücke die „Wahrscheinlichkeit“ aus, dass ein zufällig fallender Thaler die Bildseite zeigt. Wirft man statt des Thalerstücks einen Würfel, so wird jede der sechs Flächen des Würfels ein gleiches Recht haben, nach oben zu fallen. Hieraus folgt, das die Wahrscheinlichkeit, mit einem Würfel eine bestimmte Zahl, etwa die Vier, zu würfeln, $\frac{1}{6}$ oder $16\frac{2}{3}$ Prozent beträgt, weil unter sechs gleich möglichen Fällen nur ein Fall günstig oder, wie man sagt, nur ein Treffer ist. Freilich kann ich von dem Zufall nicht verlangen, dass, wenn ich nur sechsmal würfele, ich gerade einmal die Vier werfe. Wohl aber wird bei etwa 600maligem Würfeln die Zahl der Male, wo die Vier fällt, sich verhältnismässig wenig von 100 unterscheiden. Ja, ich muss sogar, wenn die Zahlen, die angeben, wie oft bei sechsmaligem Würfeln jede Zahl gewürfelt ist, erheblich von 100 abweichen, mit Recht die Überzeugung gewinnen, dass ein bestimmter Grund für diese Abweichung vorliegt, indem vielleicht die der Sechs zugewendete innere Hälfte des Würfels mit schwerem Metall gefüllt ist. Umgekehrt kann man aus zahlreichen Wiederholungen eines und desselben Experimentes statistisch die Wahrscheinlichkeitsbrüche näherungsweise ableiten. So ist es, falls mit einem richtigen Würfel 600 mal gewürfelt wird, fast gewiss, dass die Vier nicht seltener als 90 mal und nicht öfter als 110 mal fällt. Deshalb führt auch das Experiment immer zu dem richtigen Wahrscheinlichkeitsbruche oder doch zu einem Bruche, der sich von dem richtigen Bruche nur wenig und um so weniger unterscheidet, je öfter das Experiment ausgeführt wird. Das dieser Erscheinung zu Grunde liegende allgemeine Gesetz nennt man das „Gesetz der grossen Zahlen". Freilich hat man es nicht nötig, sein Urteil über die Chancen, die man hat, mit einem Würfel die Vier zu werfen, auf die experimentelle Beobachtung zu gründen, da man von vornherein weiss, dass unter sechs gleich möglichen Fällen ein Treffer ist, also der gesuchte Bruch $\frac{1}{6}$ sein muss.

Wenn uns aber die Wirkungsstärke der verschiedenen Ursachen, welche ein Ereignis hervorrufen, nicht ausreichend bekannt ist, so sind wir gezwungen, die Wahrscheinlichkeit, dass ein solches Ereignis eintritt, aus der Erfahrung abzuleiten. Dies thut namentlich die Assekuranz-Wissenschaft, indem sie der Statistik z. B. die Thatsache entnimmt, dass von 100 Geborenen 64 noch im Alter von 20 Jahren, 40 noch im Alter von 55 Jahren leben und demgemäss bei der Berechnung der Lebensversicherungsbeiträge in Rechnung zieht, dass ein zwanzigjähriger Mensch mit der Wahrscheinlichkeit $\frac{40}{64}$ oder $62\frac{1}{2}$ Prozent das 55. Lebensjahr erreicht. Ist also jemand, dessen Leben versichert wird, 20 Jahre alt, und beträgt sein jährlicher Beitrag 100 Mark, so muss die Versicherungsgesellschaft im Moment der Versicherung den ihm im 55. Lebensjahre zu zahlenden künftigen Beitrag nicht mit 100 Mark in Anschlag bringen, sondern nur mit der Summe, die im Laufe von 35 Jahren durch Zinzeszins zu $62\frac{1}{2}$ Mark wird, und dies sind bei 3 Prozent nur 22 bis 23 Mark.

Beim Würfelspiel und beim Kartenspiel sind wir nun aber in der glücklichen Lage, die auf die Verteilung der Zahlen oder der Karten bezüglichen Wahrscheinlichkeitsbrüche auch ohne Experimente von vornherein berechnen zu können, da wir voraussetzen dürfen, dass keine der Zahlen bezw. keine der Karten vor den andern bevorzugt ist. So ergiebt sich z. B. sehr leicht, dass die Wahrscheinlichkeit, mit zwei Würfeln einen Pasch zu werfen, $\frac{6}{36} = \frac{1}{6}$ beträgt. Denn jede der sechs Flächen des eines Würfels kann mit jeder der sechs Flächen des zweiten Würfels zusammenliegen, was 6 mal 6 Zusammenstellungen giebt, von denen nur diejenigen sechs Treffer sind, bei denen auf beiden Würfeln dieselbe Zahl sich zeigt.

Ebenso wird der Leser leicht finden, dass die Wahrscheinlichkeit, aus einem Spiel von 32 Karten eine Karte zu ziehen, die einer der vier Buben ist, gleich $\frac{4}{32} = \frac{1}{8}$ ist, weil unter den 32 möglichen Fällen vier Treffer sind. Schwieriger schon ist die Berechnung der Wahrscheinlichkeit dafür, zwei Karten zu ziehen, die beide Buben sind. Hierfür ergiebt sich $\frac{4 \cdot 3}{32 \cdot 31}$ oder $\frac{3}{248}$ oder nur 1,2 Prozent. Die grössere Schwierigkeit der Berechnung der zweiten Zahl rührt davon her, dass bei dieser Berechnung die Kombinationszahlen auftreten. Wir müssen uns daher, um die Wahrscheinlichkeitsrechnung auf Kartenspiele anwenden zu können, vorerst mit den Kombinationen beschäftigen.

n beliebige Dinge zu je zweien kombinieren, heisst, sie auf jede mögliche Weise zu je zweien so zusammenstellen, dass jedes Ding immer mit jedem andern, aber nicht mit sich selbst zusammen vorkommt, und dass zwei Zusammenstellungen, die sich nur durch Vertauschung unterscheiden, wie a b und b a nur als eine einzige Zusammenstellung aufgefasst werden. Hat man z. B. die 6 Buchstaben a, b, c, d, e, f zu je zweien zu kombinieren, so hat man die folgenden 15 Paare zu bilden:

a b, a c, a d, a e, a f, b c, b d, b e,
b f, c d, c e, c f, d e, d f, e f.

Dass es gerade 15 Paare werden, kann man sich so klarmachen. Jeder von den 6 Buchstaben kann mit 5 anderen zusammengestellt werden, so dass man 6 mal 5 oder 30 Zusammenstellungen erhielte. Dabei ist aber jedes Paar doppelt gerechnet, z. B. b d und d b. Solche zwei Zusammenstellungen sollten aber nicht als zwei verschiedene aufgefasst werden. Daher ist 6 mal 5 noch durch 2 zu dividieren. Ebenso erhält man allgemein bei n Dingen:

$$\frac{1}{2} n \, (n - 1)$$

für die Anzahl der Paare, die sich bilden lassen.

Sollen 6 Dinge a, b, c, d, e, f zu je dreien zusammengestellt werden, so hat man die folgenden 20 Tripel zu bilden:

abc, abd, abe, abf, acd, ace, acf,
ade, adf, aef, bcd, bce, bcf, bde,
bdf, bef, cde, cdf, cef, def,

Die Anzahl 20 ergiebt sich auf folgende Weise. Mit a beginnen soviel Tripel, wie es Paare bei den fünf Dingen b, c, d, e, f giebt, also $\frac{1}{2} . 5 . 4$. Mit b, mit c, mit d, mit e und mit f beginnen ebensoviel.

Wir würden also $\frac{1}{2} . 6 . 5 . 4$ erhalten, wenn wir nicht noch beachten müssten, dass bei dieser Auffassung ein Tripel, wie ace, statt einmal, dreimal gerechnet ist, nämlich als ace, als cae und als eac. Die Zahl $\frac{1}{2} . 6 . 5 . 4$ ist also noch durch 3 zu dividieren, sodass wir erhalten;

$$\frac{6 . 5 . 4}{1 . 2 . 3} = 20.$$

Ebenso ist es bei n Dingen. Wir erhalten also

$$\frac{n (n-1) (n-2)}{1 . 2 . 3}$$

als die Anzahl der Gruppen von je dreien der n Dinge. So kann man weiter gehen, und erhält:

$$\frac{n (n-1) n-2) (n-3)}{1 . 2 . 3 . 4}$$

als die Anzahl der Gruppen, die sich aus n Dingen bilden lassen, .wenn jede Gruppe vier von ihnen enthalten soll. Die auf solche Weise entstehenden Anzahlen heissen **Kombinationszahlen**. Man bezeichnet dieselbe **abgekürzt**, indem man an die Gesamtzahl der zu kombinierenden Dinge diejenige Zahl als Index ansetzt, welche angiebt, wieviel von den Dingen jede Gruppe enthalten soll. Z. B.:

$$6_2 = \frac{6 . 5}{1 . 2} = 15; \quad 6_3 = \frac{6 . 5 . 4}{1 . 2 . 3} = 20; \quad 6_4 = \frac{6 . 5 . 4 . 3}{1 . 2 . 3 . 4} = 15;$$

$$8_3 = \frac{8 . 7 . 6}{1 . 2 . 3} = 56; \quad 10_4 = \frac{10 . 9 . 8 . 7}{1 . 2 . 3 . 4} = 210;$$

$$11_5 = \frac{11.10.9.8.7}{1 . 2 .3.4.5} = 462; \quad 16_6 = \frac{16.15.14.13.12.11}{1 . 2 . 3 . 4 . 5 . 6} = 8008;$$

$$32_{10} = \frac{32 \cdot 31 \cdot 30 \cdot 29 \cdot 28 \cdot 27 \cdot 26 \cdot 25 \cdot 24 \cdot 23}{1 \cdot 2 \cdot 3 \cdot 4 \cdot 5 \cdot 6 \cdot 7 \cdot 8 \cdot 9 \cdot 10} = 64\,512\,240.$$

Mit Hilfe der abgekürzten Bezeichnung für Kombinations-Zahlen kann man die Lösung von Wahrscheinlichkeitsaufgaben bequem und übersichtlich schreiben, wie folgende Beispiele zeigen:

1) In einer Urne mögen 9 Kugeln sein, 6 weisse und 3 schwarze. Jemand zieht 3 Kugeln heraus. Wie gross ist die Wahrscheinlichkeit, dass er gerade 2 weisse und 1 schwarze Kugel gezogen hat. Es ergiebt sich:

$$\frac{6_2 \cdot 3_1}{9_3} = \frac{15 \cdot 3}{84} = \frac{15}{28} = 5{,}3 \text{ Prozent.}$$

2. In einer Urne sind 10 Kugeln, 9 weisse und 1 schwarze Kugel. Man zieht 3 Kugeln heraus. Wie gross ist die Wahrscheinlichkeit, dass sie alle drei weiss sind. Man erhält:

$$\frac{9_3}{10_3} = \frac{9 \cdot 8 \cdot 7}{10 \cdot 9 \cdot 8} = \frac{7}{10} = 70 \text{ Prozent.}$$

3. Aus einem Kartenspiele, das 16 rote und 16 schwarze Karten enthält, zieht man zwei Karten heraus. Wie gross ist die Wahrscheinlichkeit, dass beide Karten a) gleichfarbig, b) ungleichfarbig sind? Für a) ergiebt sich:

$$\frac{2 \cdot 16_2}{32_2} = \frac{15}{31} = 48{,}4 \text{ Prozent.}$$

Für b) ergiebt sich:

$$\frac{16 \cdot 16}{32_2} = \frac{16}{31} = 51{,}6 \text{ Prozent.}$$

4. Aus einem Kartenspiele, das 4 Buben und 28 Nichtbuben enthält, werden 2 Karten gezogen. Wie

gross ist die Wahrscheinlichkeit, dass sich unter den beiden Karten mindestens 1 Bube befindet? Man erhält:

$$\frac{4_2 + 4_1 \cdot 28_1}{32_2} = \frac{118}{16 \cdot 31} = \frac{59}{248} = 23{,}8 \text{ Prozent.}$$

5. Bei einer kleinen Wohlthätigkeitslotterie sind 20 Lose ausgegeben, von denen 3 gewinnen sollen. Die Vorsteherin hat selbst 12 Lose genommen. Wie gross ist die Wahrscheinlichkeit, dass mindestens eins ihrer Lose gewinnt? Man berechne die Wahrscheinlichkeit, dass keins gewinnt und subtrahiere den erhaltenen Bruch von 1. So erhält man:

$$1 - \frac{(20-12)_3}{20_3} = 1 - \frac{8_3}{20_3} = 1 - \frac{8 \cdot 7 \cdot 6}{20 \cdot 19 \cdot 18}$$

$$= 1 - \frac{14}{285} = \frac{271}{285} = 95{,}1 \text{ Prozent.}$$

6. Ein Kartenspiel enthalte 32 Karten, nämlich 8 Treff, 8 Pik, 8 Coeur und 8 Karo. Wie gross ist die Wahrscheinlichkeit, dass unter zehn Karten, die man beliebig gezogen hat, sich 6, 7 oder 8 Treff befinden? Man beachte, dass 24 Karten nicht Treff sind, und dass daher 24_4 Gruppen von vier Nichttreff möglich sind u. s. w. So erhält man:

$$\frac{8_6 \cdot 24_4 + 8_7 \cdot 24_3 + 8_8 \cdot 24_2}{32_{10}}$$

oder:

$$\frac{(28 \cdot 23 \cdot 22 \cdot 21 + 8 \cdot 4 \cdot 23 \cdot 22 + 12 \cdot 23) \cdot 1 \cdot 2 \cdot 3 \cdot 4 \cdot 5 \cdot 6 \cdot 7 \cdot 8 \cdot 9 \cdot 10}{32 \cdot 31 \cdot 30 \cdot 29 \cdot 28 \cdot 27 \cdot 26 \cdot 25 \cdot 24 \cdot 23}$$

$$= \frac{4 \cdot 23\,(3234 + 176 + 3) \cdot 7 \cdot 9 \cdot 10}{4 \cdot 31 \cdot 29 \cdot 28 \cdot 27 \cdot 26 \cdot 25 \cdot 23} = \frac{4 \cdot 23 \cdot 3413}{2 \cdot 31 \cdot 29 \cdot 4 \cdot 3 \cdot 26 \cdot 5 \cdot 23}$$

$$= \frac{3413}{2 \cdot 31 \cdot 29 \cdot 3 \cdot 26 \cdot 5} = \frac{3413}{701220} = 0{,}4 \text{ Prozent.}$$

Aus dem Begriff der Wahrscheinlichkeit folgt, dass jeder dieselbe angebende Bruch zwischen 0 und 1 liegen muss. Die Wahrscheinlichkeit 1 hat ein Ereignis, wenn es gewiss eintrifft, die Wahrscheinlichkeit 0, wenn es sicherlich nicht eintrifft. Ferner folgt aus dem Begriff, dass, wenn w die Wahrscheinlichkeit dafür ist, dass ein Ereignis eintrifft, die Wahrscheinlichkeit dafür, dass es nicht eintrifft, gleich 1 — w ist. Wenn nämlich m die Zahl der möglichen Fälle, t die Zahl der Treffer ist, so sind m — t Fälle für das Nichteintreffen günstig. Also ist die Wahrscheinlichkeit, dass das Ereignis nicht eintrifft:

$$\frac{m - t}{m} = 1 - \frac{t}{m} = 1 - w.$$

Um zu finden, wie gross die Wahrscheinlichkeit ist, dass zwei Ereignisse, mit den möglichen Fällen m bezw. m′ und den Treffern t bezw. t′, beide eintreffen, fassen wir die beiden Ereignisse zu einem Gesamtereignis zusammen. Dann ist für dieses die Zahl der möglichen Fälle m . m′, die Zahl der Treffer t . t′. Also ergiebt sich

$$\frac{t \cdot t'}{m \cdot m'} = \frac{t}{m} \cdot \frac{t'}{m'}$$

für die Wahrscheinlichkeit, dass beide Ereignisse eintreffen. Bezeichnen daher w und w′ die Wahrscheinlichkeiten für das Eintreffen der einzelnen Ereignisse, so giebt das Produkt w . w′ beider die Wahrscheinlichkeit dafür an, dass sie beide eintreffen. Dieselbe Überlegung gilt natürlich auch, wenn das zweite Ereignis in der Wiederholung des ersten besteht. Wenn also die Wahrscheinlichkeit, dass ein Experiment gelingt, w ist, so ist die Wahrscheinlichkeit, dass es zweimal gelingt, gleich w^2, und, dass es zweimal nicht gelingt, gleich $(1 - w)^2$. In derselben Weise erkennt man die Wahrscheinlichkeit, dass jenes Experiment 5mal gelingt. Es ergiebt sich w^5. Für die Wahrscheinlichkeit, dass es unter 5 Malen die ersten drei Male gelingt, die letzten beiden Male misslingt, ergiebt sich in derselben Weise:

$$w^3 (1 - w)^2.$$

Hier war die Reihenfolge der Fälle, wo das Experiment gelingt bezw. misslingt, vorgeschrieben. Ist dieselbe nicht vorgeschrieben, sondern will man die Wahrscheinlichkeit wissen, dass das Experiment unter fünf Malen beliebige drei Male gelingt, zwei Male misslingt, so hat man das Produkt $w^3 (1 - w)^2$ so oft zu setzen, wie sich 5 Dinge zu je dreien gruppieren lassen. Dies ist aber, nach den obigen Erörterungen über Kombinationszahlen, auf 5_3-fache, d. h. auf zehnfache Weise möglich. Es käme also $5_3 . w^3 (1 - w)^2$. Genau so erhält man allgemein die Wahrscheinlichkeit, dass das Experiment g-mal gelingt, m-mal misslingt, gleich

$$(g + m)_g . w^g . (1 - w)^m.$$

Hierfür zwei Beispiele:

1. Die Wahrscheinlichkeit, dass beim Werfen eines Thalers die Bildseite nach oben fällt, ist gleich $\frac{1}{2}$. Daraus folgt, dass die Wahrscheinlichkeit, dass unter 8 Malen, wo der Thaler geworfen wird, 4 mal die Bildseite, 4 mal die Wappenseite nach oben fällt,

$$8_4 \cdot \left(\frac{1}{2}\right)^4 \cdot \left(\frac{1}{2}\right)^4 = 70 \cdot \frac{1}{16} \cdot \frac{1}{16} = \frac{35}{128} = 27{,}3 \text{ Prozent}$$

beträgt.

2. Die Wahrscheinlichkeit, mit einem Würfel eine bestimmte Zahl, etwa die Vier, zu werfen, beträgt $\frac{1}{6}$. Dann ist die Wahrscheinlichkeit, dass bei sechsmaligem Würfeln 1mal die Vier fällt, 5mal nicht, gleich

$$6_1 \cdot \left(\frac{1}{6}\right)^1 \cdot \left(\frac{5}{6}\right)^5 = \frac{3125}{7776} = 40{,}2 \text{ Prozent.}$$

Die Wahrscheinlichkeit, dass die Vier **mindestens** einmal fällt, ergiebt sich aus:

$$1 - \left(\frac{5}{6}\right)^6 = 1 - \frac{15625}{46656} = \frac{31031}{46656} = 66{,}5 \text{ Prozent.}$$

§ 2.

Anwendung der Wahrscheinlichkeitsrechnung auf das Skatspiel.*)

A. Einleitendes.

Selten ist ein Spiel in wenigen Jahrzehnten so allgemein geworden, wie das Skatspiel in Deutschland. Deshalb ist es naheliegend, diesen „Mathematischen Mussestunden“ auch eine mathematische Behandlung des Skatspiels einzuverleiben. Es kann sich dabei nicht um die Berechnung der Wahrscheinlichkeiten handeln, mit denen ein Spieler gewinnt, wenn er gewisse zehn Karten in die Hand bekommt. Denn das hängt ausser von der Verteilung der übrigen 22 Karten auch von der Geschicklichkeit ab, mit der er seine zehn Karten verwendet und von der Ungeschicklichkeit, mit der die beiden Gegenspieler ihre 20 Karten verwenden. Es kann sich vielmehr nur um die Verteilung aller 32 Karten unter die drei Spieler und den Skat, sowie um die Verteilung der 22 Karten handeln, die

---

*) Für diejenigen Leser, welche an die deutschen Namen der Karten gewöhnt sind, sei folgendes bemerkt: Treff = Eicheln = Eckern, Pik = Grün, Coeur = Rot = Herzen, Karo = Schellen, Ass = Daus, Dame = Ober, Bube = Wenzel.

ein Spieler nicht in der Hand hat. Aber auch die Wahrscheinlichkeitsbrüche für diese oder jene Verteilung sind jedem Skatspieler interessant, weil sie ihm mathematisch beweisen, was er durch Erfahrung und Übung auch schon erkannt hat. Beispielsweise möge ein Spieler in seinen zehn Karten den Karo-Buben, aber kein sonstiges Karo vorfinden. Da seine Karte in den übrigen drei Farben gut ist, so glaubt er, ein Tourné gewinnen zu müssen, falls er nicht gerade Karo tourniert. Es ergiebt sich in diesem Falle aus dem Folgenden $\frac{7}{22}$ oder 31,8 Prozent Wahrscheinlichkeit für das Tournieren von Karo. Er kann also über das Tournieren von Karo eben so sicher sein, wie er über eine Sache ist, die er mit einer Wette von 7 gegen 15 zu vertreten geneigt ist. Derartige einfache Überlegungen macht man im Skatspiel mit bewusster oder unbewusster Abschätzung der Chancen sehr häufig. Da jedoch die Berechnung meist recht kompliziert ist, so ist der Skatspieler darauf angewiesen, sein Urteil darüber, wie viel leichter das eine als das andere eintreffen wird, auf langjährige Erfahrung und Übung zu stützen. Er thut dann im wesentlichen dasselbe, was derjenige thut, der, wie hier in § 1 erörtert ist, die Wahrscheinlichkeit, mit einem Würfel die Vier zu werfen, praktisch findet, indem er 600 mal würfelt und dabei erkennt, dass nahezu 100 mal die Vier fällt. Da nun aber die beim Skatspiel hinsichtlich der Kartenverteilung auftretenden Wahrscheinlichkeitsbrüche genau berechenbar sind, so hat der Verfasser die wichtigsten unter ihnen berechnet und im folgenden zusammengestellt, in der

Überzeugung, dass dieselben manchem Skatspieler interessant und vielleicht auch wertvoll sein werden, teils, weil diese Brüche ihm seine auf Erfahrung beruhende Chancenschätzung ziffermässig bestätigen können, teils, weil dieselben ihm vielleicht einen Fingerzeig dafür geben können, in welcher Richtung er sein auf Erinnerungen beruhendes, subjektives und deshalb vielleicht unrichtiges Urteil zu modifizieren hat. Das lediglich auf Erfahrung beruhende Urteil kann nämlich dadurch getrübt sein, dass man die Fälle, in denen das Günstige eintritt, leichter oder schwerer im Gedächtnis behalten hat, als die Fälle, in denen das Ungünstige eintritt. Die Erinnerungen können trügen, die richtig berechneten Zahlen aber nicht. Beispielsweise haben alle geübten Skatspieler, die ich bis jetzt gefragt habe, die Wahrscheinlichkeit, im Skat einen Buben zu finden, falls man selbst keinen hat, viel niedriger geschätzt, als sie wirklich ist. Sie beträgt nämlich etwa $\frac{1}{3}$. Und in der That, wenn man sich nicht auf sein Gedächtnis verlässt, sondern die günstigen und ungünstigen Fälle hinreichend lange gewissenhaft notiert, so wird man finden, dass, falls man selbst keinen Buben hat, durchschnittlich einmal unter drei Malen einer im Skat liegt.

B. Die Verteilung aller 32 Karten unter die drei Spieler und den Skat.

Schon in dem Paragraph „über sehr grosse Zahlen" (Bd. I, § 4) ist die Gesamtzahl aller möglichen Verteilungsarten der 32 Karten des Skatspiels unter die drei Spieler und den Skat angegeben. Diese Zahl beträgt:

2 753 Billionen,
294 408 Millionen
und 504 640.

1. **Das Liegen im Skat.** In der eben erwähnten Gesamtzahl der Verteilungsarten giebt es

$$4_2 \cdot 30_{10} \cdot 20_{10}$$

oder über 31 Billionen von solcher Beschaffenheit, dass zwei Buben im Skat liegen. Weder von dieser Zahl noch von der Zahl aller Verteilungsarten haben wir eine genaue Vorstellung. Wohl aber giebt uns das Verhältnis beider Zahlen, oder, was dasselbe ist, die Wahrscheinlichkeit dafür, dass zwei Buben im Skat liegen, eine Anschauung davon, wie häufig es durchschnittlich vorkommt. Man findet für dieses Verhältnis:

$$\frac{3}{248} \text{ oder } 1,2 \text{ Prozent.}$$

Die Wahrscheinlichkeit, dass nur 1 Bube im Skat liegt, kann man durch die in § 1 erörterten Kombinationszahlen in folgender Weise ausdrücken:

$$\frac{4_1 \cdot 28_1}{32_2}.$$

Dies ergiebt berechnet:

$$\frac{7}{31} \text{ oder } 22,6 \text{ Prozent.}$$

Daher ist die Summe beider Wahrscheinlichkeitsbrüche, also:

$$\frac{59}{248} \text{ oder } 23{,}8 \text{ Prozent}$$

die Wahrscheinlichkeit dafür, dass mindestens ein Bube im Skat liegt.

Um die Wahrscheinlichkeit zu finden, dass kein Bube im Skat liegt, hat man zu beachten, dass von den 28 Karten, die nicht Buben sind, irgend welche zwei liegen müssen, und erhält demgemäss:

$$\frac{28_2}{32_2} = \frac{189}{248} \text{ oder } 76{,}2 \text{ Prozent.}$$

Die Thatsache, dass $\frac{59}{248} + \frac{189}{248} = 1$ ist, und dass $23{,}8 + 76{,}2 = 100$ ist, liefert eine Kontrolle der Berechnung. Die Zahl der Spiele, bei denen kein Bube liegt, ist also etwas mehr als dreimal so gross, als die Zahl der Spiele, bei denen mindestens ein Bube liegt.

Was eben für die vier Buben erörtert ist, gilt natürlich auch für je vier zusammengehörige Karten, also z. B. auch für die vier Asse oder für die vier Zehnen.

Um die Häufigkeit der Spiele zu finden, wo von den 8 Karten, die sich aus den vier Buben und den vier Assen zusammensetzen, mindestens eine im Skat liegt, berechnet man am kürzesten die Wahrscheinlichkeit, dass von den 24 Karten, die nicht Buben und nicht Asse sind, zwei liegen, und zieht den erhaltenen Bruch von 1 ab. So ergiebt sich:

$$1 - \frac{24_2}{32_2} = \frac{55}{124} \text{ oder } 44{,}4 \text{ Prozent.}$$

Ähnlich ergiebt sich aus

$$1 - \frac{20_2}{32_2} = \frac{153}{248} \text{ oder } 61{,}7 \text{ Prozent,}$$

dass in 61,7 Prozent aller Spiele zwei Karten im Skat liegen, von denen mindestens eine Bube, Ass oder Zehn ist.

Wissenswert dürfte auch der Prozentsatz der Spiele sein, wo zwei Karten von gleicher Farbe im Skat liegen. Rechnet man die Buben mit zu den Farben, so ergiebt sich dafür

$$\frac{4 \,.\, 8_2}{32_2} = \frac{7}{31} \text{ oder } 22{,}6 \text{ Prozent,}$$

sodass in 77,4 Prozent aller Spiele die im Skat liegenden Karten verschiedenen Farben angehören. Rechnet man aber die Buben nicht mit zu den Farben, so ergiebt sich aus:

$$\frac{4 \,.\, 7_2}{32_2} = \frac{21}{124},$$

dass in 16,9 Prozent aller Spiele die beiden Skatkarten gleichfarbig sind, und aus:

$$\frac{6 \,.\, 7_1 \,.\, 7_1}{32_2} = \frac{147}{248},$$

dass in 59,3 Prozent zwei Karten verschiedener Farbe im Skat liegen. Die Summe von 16,9 und 59,3 ergiebt die schon oben gefundene Prozentzahl 76,2 für diejenigen Spiele, wo kein Bube liegt.

2. **Buben oder überhaupt Karten gleichen Wertes in einer Hand.** Ein Skatspieler kann unter den zehn Karten, die er in die Hand bekommen hat, 4, 3, 2, 1 oder gar keinen Buben vorfinden. Demnach

sind hier fünf Fragen möglich, die durch die folgende Übersicht beantwortet werden:

a) 4 Buben: $\frac{4_4 \, . \, 28_6}{32_{10}}$ oder 0,6 Prozent;

b) 3 Buben: $\frac{4_3 \, . \, 28_7}{32_{10}}$ oder 7,3 Prozent;

c) 2 Buben: $\frac{4_2 \, . \, 28_8}{32_{10}}$ oder 28,9 Prozent;

d) 1 Bube: $\frac{4_1 \, . \, 28_9}{32_{10}}$ oder 42,8 Prozent;

e) kein Bube: $\frac{28_{10}}{32_{10}}$ oder 20,3 Prozent.

Hiernach bekommt man also in 42,8 Prozent aller Spiele, d. h. etwa unter 7 Malen immer 3 Mal, einen und nur einen Buben in die Hand, und zwar mehr als das Doppelte so oft als man keinen bekommt. Ferner erhält man, wie aus der Zahl 20,3 hervorgeht, durchschnittlich viermal so oft mindestens einen Buben, als man gar keinen erhält. Dies möge man denjenigen Spielern entgegenhalten, welche andauernd kein Spiel machen und dies dadurch zu erklären suchen, dass sie sagen, sie bekämen zu selten Buben in die Hand. Sehr gering ist nach der obigen Übersicht der Prozentsatz der Spiele, in denen ein und derselbe Spieler alle 4 Buben bekommt, nämlich nur 0,6. Die Erfahrung scheint dafür zu sprechen, dass der Fall etwas öfter eintritt. Es kann dies dann nur dadurch erklärt werden, dass beim Skatspiel sehr häufig die Buben zusammenfallen, und dass deshalb bei nicht ausreichendem Mischen der Karten die Buben auch leicht zusammenbleiben und dadurch leichter in eine und dieselbe Hand kommen können.

Was die obige Übersicht über die vier Buben ausspricht, gilt natürlich auch für irgendwelche vier Karten gleichen Wertes, beispielsweise für die vier Asse.

3. Matadore in einer Hand. Wir müssen zwei Fälle unterscheiden, ob nämlich die Bestimmung, wieviel Matadore man hat, ohne oder mit Berücksichtigung der beiden Skatkarten geschehen soll, d. h. bloss aus den zehn Karten der Hand oder aus den zwölf Karten, welche sich aus diesen und den beiden in den Skat gelegten Karten zusammensetzen. Der erste Fall bezieht sich auf die Matadore, mit denen jemand, ohne den Skat gesehen zu haben, zu spielen glaubt, indem er nur seine zehn Karten berücksichtigt; der zweite Fall bezieht sich auf die Matadore, mit denen jemand wirklich spielt, wenn er das Spiel übernimmt. Bei der Berechnung der nun folgenden Wahrscheinlichkeitsbrüche war wohl zu beachten, dass es immer auf verschiedene Weise möglich ist, mit oder ohne m Buben zu spielen. So spielt man z. B. „mit einem“ erstens, wenn man Treffbuben allein hat, zweitens aber auch, wenn man ausser ihm noch andere Buben, nur nicht Pikbuben, hat.

Jemand wird die Möglichkeit geboten, mit oder ohne m Matadore zu spielen, a) in x Prozent aller Spiele, ohne Rücksicht auf die beiden Skatkarten; b) in y Prozent aller Spiele, mit Rücksicht auf dieselben.

m	x Proz.	y Proz.
mit 4 oder mehr Mat.	0,6	1,4
mit 3 Mat.	1,8	3,1
mit 2 Mat.	6,7	8,9
mit 1 Mat.	22,2	24,2
ohne 1 Mat.	22,2	24,2
ohne 2 Mat.	15,5	15,3
ohne 3 Mat.	10,7	9,5
ohne 4 oder mehr Mat.	20,3	13,5

Aus den Prozentzahlen dieser Tabelle kann man u. a. folgende Schlüsse ziehen. Man kann in 44,4 bezw. 48,4 Prozent, also fast in der Hälfte der Spiele mit oder ohne einen spielen; man kann ebenso oft mit einem, wie ohne einen spielen. Hinsichtlich der Häufigkeit stehen die Spiele mit oder ohne einen obenan, dann kommen die Spiele ohne vier oder mehr Matadore, dann die ohne zwei, dann erst die ohne drei, dann die Spiele mit 2, mit 3, mit 4 oder mehr Matadoren. Dies ist die Reihenfolge, falls die zehn Karten, die man in die Hand bekommt, allein massgebend sind. Man vergesse auch nicht, dass sich die Zahlen der Tabelle naturgemäss nur auf die Matadore beziehen, mit denen ein bestimmter Spieler jedesmal spielen könnte. Natürlich wird er Spiele ohne drei oder vier seltener wirklich übernehmen, als solche mit drei oder vier Matadoren. Die Fälle, wo jemandes Karten so beschaffen sind, dass er mit oder ohne vier bis elf Matadoren spielen könnte, sind in der obigen Tabelle nicht einzeln unterschieden, da sie verhältnismässig selten vorkommen. Nur der seltenste von diesen Fällen sei hier hervorgehoben, dass ein Spieler nämlich das Glück hat, eine Farbe mit 11 Matadoren spielen zu können. Dieses Glück wird er durchschnittlich unter

2 Millionen 688 010

Spielen nur einmal geniessen können.

4. Verteilung von vier Karten gleichen Wertes unter alle drei Spieler und den Skat. Um die Verteilungsart von irgend vier Karten gleichen Wertes, also z. B. der vier Buben, unter die drei Spieler und den Skat übersichtlich darstellen zu können, führen wir eine Bezeichnungsweise ein, die aus den folgenden beiden Beispielen ersichtlich ist. Es bezeichne (2, 1, 1; 0) eine derartige Verteilung, dass von vier Karten gleichen Wertes 2 in einer Hand, die beiden übrigen je in einer Hand, also keine im Skat liegt. Ferner bedeute (3, 0, 0; 1) eine solche Verteilung von vier Karten gleichen Wertes, dass drei in einer Hand sitzen und eine im Skat liegt. Alle neun denkbaren Verteilungsarten lassen sich dann kurz so darstellen:

(4, 0, 0; 0), (3, 1, 0; 0), (2, 2, 0; 0), (2, 1, 1; 0),
(3, 0, 0; 1), (2, 1, 0; 1), (1, 1, 1; 1),
(2, 0, 0; 2), (1, 1, 0; 2).

In wieviel Prozent aller Spiele jede dieser neun Verteilungsarten vorkommt, zeigt die folgende Übersicht:

a) (4, 0, 0; 0) in 1,8 Prozent aller Spiele;
b) (3, 1, 0; 0) in 20,0 Prozent;
c) (2, 2, 0; 0) in 16,9 Prozent;

d) (2, 1, 1; 0) in 37,5 Prozent;
e) (3, 0, 0; 1) in 2,0 Prozent;
f) (2, 1, 0; 1) in 15,0 Prozent;
g) (1, 1, 1; 1) in 5,6 Prozent;
h) (2, 0, 0; 2) in 0,4 Prozent;
i) (1, 1, 0; 2) in 0,8 Prozent.

Aus dieser Übersicht folgt unter anderm:

Unter allen neun Verteilungsarten kommt am häufigsten die vor, dass von den vier Karten gleichen Wertes zwei in einer Hand und die beiden andern je in einer Hand sitzen, und zwar sind durchschnittlich unter acht Spielen immer drei von dieser Art.

Aus der Summe von a, b, c, e, f, h, i entnehmen wir, dass in etwa 57 Prozent aller Spiele mindestens ein Spieler gar keinen Buben hat.

Aus der Addition von e, f, g, h, i geht ferner von neuem das schon oben gefundene Resultat hervor, dass in fast 24 Prozent aller Spiele mindestens ein Bube im Skat liegt.

Endlich ergiebt die Summe von b, c, f, i, dass in fast 53 Prozent aller Spiele ein Spieler kein Ass und jeder der beiden andern mindestens ein Ass hat.

Die Zahlen der obigen Übersicht unterscheiden nicht, welcher gerade von den drei Spielern so oder so viel von den vier Karten hat. Doch kann man die Wahrscheinlichkeit, dass gerade ein bestimmter Spieler eine gewisse Anzahl Karten von bestimmter Art hat, während die andern Spieler die übrigen besitzen, aus jenen Zahlen leicht durch Division entnehmen. Z. B. geht aus d) dadurch, dass man 37,5 durch 3 dividiert, hervor, dass in 12,5 Prozent aller Spiele die bestimmte Person A zwei Buben hat, während die Mitspieler B und C jeder einen Buben in der Hand haben. Noch weiter hat man zu dividieren, wenn auch die Farbe der Buben vorgeschrieben ist. So drückt 12,5 : 2 = $6\frac{1}{4}$ Prozent die Wahrscheinlichkeit aus, dass A den Treffbuben und noch einen Buben, während B und C jeder nur einen Buben hat. Ferner drückt 12,5 : 6 oder 2,1 Prozent die Wahrscheinlichkeit aus, dass A den ersten und zweiten Buben, während B und C jeder einen von den beiden andern Buben hat. Wenn man endlich 12,5 durch 12 dividiert, so erhält man die Wahrscheinlichkeit, dass die bestimmte Person A den Treffbuben und den Pikbuben, die bestimmte Person B den Coeurbuben und der dritte Spieler C den Karobuben in der Hand hat.

In derselben Weise, wie eben die Verteilung von vier gleichwertigen Karten unter alle Spieler behandelt ist, könnte man auch die Verteilung der sieben Karten gleicher Farbe behandeln. Doch dürfte diese Aufgabe, bei der nicht neun, sondern zwanzig Fälle unterschieden werden müssten, weniger Interesse darbieten.

C. Verteilung der 22 Karten, die jemand nicht erhalten hat, unter die beiden übrigen Spieler und den Skat.

Für die Theorie des Skatspiels ist die in B behandelte Verteilung aller 32 Karten des Skatspiels nicht so wichtig, als die Verteilung derjenigen 22 Karten, die jemand bei Anfang des Spiels nicht in seiner Hand vorfindet. Freilich kann er bestimmtes darüber nicht wissen, und nur bisweilen kann er aus der Art, wie gereizt wurde, sich ein ungefähres Urteil bilden. Deshalb wird es ihm wichtig sein, zu erfahren, welche Verteilungsarten der übrigen 22 Karten am wahrscheinlichsten sind, d. h. am häufigsten vorkommen müssen, und überdies den Grad dieser Häufigkeit in bestimmten Zahlen ausgedrückt zu sehen, die immerhin zuverlässiger sind, als das Urteil, das er aus der Erfahrung, d. h. aus dem Irrtümern unterworfenen Gedächtnisse, schöpft.

1. **Verteilung derjenigen von vier Karten gleichen Wertes, die ein Spieler nicht erhalten hat.** Ist der Spieler in der beneidenswerten Lage, alle vier Buben oder alle vier Asse erhalten zu haben, so ist er zugleich allem Nachdenken darüber, wie wohl die Buben bezw. die Asse verteilt sind, überhoben, da er mit 100 Prozent Wahrscheinlichkeit, d. h. mit Gewissheit, anzunehmen hat, dass keiner der andern Spieler einen Buben bezw. ein Ass hat. Wir haben daher nur vier Hauptfälle zu unterscheiden, nämlich der Spieler habe in die Hand bekommen: a) drei Buben, b) zwei Buben, c) einen Buben, d) keinen Buben. Der bessern Übersicht wegen führen wir für die Art der Verteilung der bei den übrigen Spielern und im Skat befindlichen Buben eine Bezeichnungsweise ein, die der in B eingeführten entspricht und aus folgenden Beispielen erkennbar ist. Im Falle c) bezeichne (2, 0; 1), dass von den drei Buben, die ein Spieler nicht hat, zwei in derselben Hand zusammensitzen, während einer im Skat liegt. Im Falle d) bezeichne (2, 2; 0), dass jeder von den beiden andern Spielern 2 Buben hat. Wiederum ist zu erwähnen, dass, was hier für die Buben aus-

gesprochen wird, ebenso auch für irgend vier Karten gleichen Wertes gilt.

Tabelle für die Verteilung der Bnben, die A nicht selbst hat.

A habe in der Hand:	Verteilung der übrigen Buben:	Prozentzahl:
a) 3 Buben	α) (1, 0; 0)	90,9
	β) (0, 0; 1)	9,1
b) 2 Buben	α) (2, 0; 0)	43,3
	β) (1, 1; 0)	39,0
	γ) (1, 0; 1)	17,3
	δ) (0, 0; 2)	0,4
c) 3 Buben	α) (3, 0; 0)	15,6
	β) (2, 1; 0)	58,5
	γ) (2, 0; 1)	11,7
	δ) (1, 1; 1)	13,0
	ε) (1, 0; 2)	1,3
d) keinen Bnben	α) (4, 0; 0)	5,7
	β) (3, 1; 0)	32,8
	γ) (2, 2; 0)	27,7
	δ) (3, 0; 1)	6,6
	ε) (2, 1; 1)	24,6
	ζ) (2, 0; 2)	1,2
	η) (1, 1; 1)	1,4

Aus den berechneten Prozentzahlen lassen sich mancherlei Folgerungen ziehen, von denen wir einige hier übersichtlich zusammenstellen.

Hiernach ist z. B. die Frage, ob jemand, der spielt und zwei Buben hat, falls kein Bube im Skat liegt, eher annehmen darf, dass die beiden andern Buben ver-

Schlüsse aus der vorigen Tabelle.

Prozentzahl der Fälle,	Falls A in der Hand hat:			
	a) 3 B.	b) 2 B.	c) 1 B.	d) keinen B.
1. wo zwei Buben im Skat liegen	0	0,4	1,3	2,6
2. wo mindestens ein Bube liegt	9,0	17,7	26,0	33,8
3. wo mindestens einer der beiden andern Spieler keinen Buben hat . . .	100	61,0	28,6	13,5
4. wo jeder der beiden andern Spieler mindestens einen Buben hat . . .	0	39,0	71,5	86,5
5. wo mindestens zwei Buben in einer Hand sitzen	0	43,3	85,5	98,6

teilt sind, als dass sie in einer Hand sitzen, dahin entschieden, dass es wahrscheinlicher ist, sie sitzen in einer und derselben Hand gegen den Spieler, als dass sie verteilt sind, und zwar verhält sich die Zahl der Fälle, wo sie zusammensitzen, zur Zahl der Fälle, wo sie verteilt sitzen, wie 43,3 zu 39,0, d. h. wie etwa 10 zu 9. Ferner bemerke man, dass in 33,8 Prozent oder rund in einem Drittel aller Fälle, wo man keinen Buben in der Hand hat, einer im Skat liegt, ein Resultat, das vielleicht manche Spieler, die keinen Buben, aber eine gute Handkarte haben, noch mehr ermutigen wird, „in den Skat zu steigen".

2. **Verteilung derjenigen Karten einer und derselben Farbe, die ein Spieler nicht erhalten**

hat. Wenn ein Spieler in seinen zehn Karten von einer gewissen Farbe das Ass und die Zehn, aber sonst keine Karte vorfindet, so muss ihm daran liegen, ein ziffernmässig begründetes Urteil darüber zu erhalten, mit wieviel Wahrscheinlichkeit er darauf rechnen kann, dass jeder der beiden andern Spieler diese Farbe zweimal bedient. Es ergiebt sich, dass dieser ihm günstige Fall unter 100 Fällen durchschnittlich 56 bis 57 mal eintrifft, und dass er daher noch immer eher annehmen darf, auf Ass und Zehn werde von beiden Seiten zweimal bedient, als das er das Abstechen zu befürchten hätte; freilich muss die Wahrscheinlichkeit als geringer angesehen werden, wenn aus dem Reizen ersehen werden konnte, dass einer der beiden andern Spieler Solo in dieser Farbe spielen wollte. Soeben war vorausgesetzt, dass der Spieler von einer Farbe nichts weiter als Ass und Zehn hätte. Wenn er aber von dieser Farbe ausser Ass und Zehn noch eine Karte hat, so sinkt die Wahrscheinlichkeit, dass auf Ass und Zehn beide Mitspieler bedienen, sehr beträchtlich herab, nämlich auf 27 bis 28 Prozent. Diese und ähnliche Fragen über die Verteilung der sieben Karten einer und derselben Farbe beantworten die folgenden sieben Tabellen, in welchen die Verteilungsarten, so wie oben, abgekürzt bezeichnet sind. Es bezeichnet also, falls der Spieler von der Farbe nur eine Karte hat, bei den andern Spielern und im Skat also 6 Karten vorhanden sind,

$$(3, 2; 1)$$

diejenige Verteilung, bei welcher von den beiden übrigen Spielern der eine 3, der andere 2 hat, während eine Karte dieser Farbe im Skat liegt. Bei diesen Tabellen sind die Wahrscheinlichkeitsbrüche noch nicht in Prozentzahlen verwandelt. Es sind vielmehr die Brüche für alle Unterfälle eines Hauptfalls immer auf denselben Nenner gebracht. Prozentzahlen sind erst in einer folgenden Tabelle angegeben, welche gewisse Schlüsse enthält, die aus den sieben Tabellen gezogen werden können.

Tabellen für die Verteilung derjenigen Karten einer Farbe, die A nicht selbst hat.

a) A hat von einer Farbe 6 Karten.

Verteilung sonst:	Wahrscheinlichkeit:
α) (1, 0; 0)	$\frac{10}{11}$
β) (0, 0; 1)	$\frac{1}{11}$

b) A hat von einer Farbe 5 Karten.

Verteilung sonst:	Wahrscheinlichkeit:
α) (2, 0; 0)	$\frac{90}{231}$
β) (1, 1; 0)	$\frac{100}{231}$
γ) (1, 0; 1)	$\frac{40}{231}$
δ) (0, 0; 2)	$\frac{1}{231}$

c) A hat von einer Farbe 4 Karten.

Verteilung sonst:	Wahrscheinlichkeit:
α) (3, 0; 0)	$\frac{12}{77}$
β) (2, 1; 0)	$\frac{45}{77}$
γ) (2, 0; 1)	$\frac{9}{77}$
δ) (1, 1; 1)	$\frac{10}{77}$
ε) (1, 0: 2)	$\frac{1}{77}$

d) A hat von einer Farbe 3 Karten.

Verteilung sonst:	Wahrscheinlichkeit:
α) (4, 0; 0)	$\frac{84}{1463}$
β) (3, 1; 0)	$\frac{480}{1463}$
γ) (2, 2; 0)	$\frac{405}{1463}$
δ) (3, 0; 1)	$\frac{96}{1463}$
ε) (2, 1; 1)	$\frac{360}{1463}$
ζ) (2, 0; 2)	$\frac{18}{1463}$
η) (1, 1; 2)	$\frac{20}{1463}$

e) A hat von einer Farbe zwei Karten.

Verteilung sonst:	Wahrscheinlichkeit:	Verteilung sonst:	Wahrscheinlichkeit:
α) (5, 0; 0)	$\frac{84}{4389}$	ε) (3, 1; 1)	$\frac{800}{4389}$
β) (4, 1; 0)	$\frac{700}{4389}$	ζ) (2, 2; 1)	$\frac{675}{4389}$
γ) (3, 2; 0)	$\frac{1800}{4389}$	η) (3, 0; 2)	$\frac{40}{4389}$
δ) (4, 0; 1)	$\frac{140}{4389}$	ϑ) (2, 1; 2)	$\frac{150}{4389}$

f) A hat von einer Farbe eine Karte.

Verteilung sonst:	Wahrscheinlichkeit:
α) (6, 0; 0)	$\frac{140}{24871}$
β) (5, 1; 0)	$\frac{1680}{24871}$
γ) (4, 2; 0)	$\frac{6300}{24871}$
δ) (3, 3; 0)	$\frac{4800}{24871}$
ε) (5, 0; 1)	$\frac{336}{24871}$
ζ) (4, 1; 1)	$\frac{2800}{24871}$
η) (3, 2; 1)	$\frac{7200}{24871}$
ϑ) (4, 0; 2)	$\frac{140}{24871}$
ι) (3, 1; 2)	$\frac{800}{24871}$
ϰ) (2, 2; 2)	$\frac{675}{24871}$

g) A hat von einer Farbe gar keine Karte.

Verteilung sonst:	Wahrscheinlichkeit:
α) (7, 0; 0)	$\frac{10}{7106}$
β) (6, 1; 0)	$\frac{175}{7106}$
γ) (5, 2; 0)	$\frac{945}{7106}$
δ) (4, 3; 0)	$\frac{2100}{7106}$
ε) (6, 0; 1)	$\frac{35}{7106}$
ζ) (5, 1; 1)	$\frac{420}{7106}$
η) (4, 2; 1)	$\frac{1575}{7106}$
ϑ) (3, 3; 1)	$\frac{1200}{7106}$
ι) (5, 0; 2)	$\frac{21}{7106}$
ϰ) (4, 1; 2)	$\frac{175}{7106}$
λ) (3, 2; 2)	$\frac{450}{7106}$

Aus den in diesen 7 Tabellen enthaltenen Wahrscheinlichkeitsbrüchen lassen sich unter anderm folgende für die Art der Verwertung der zehn Karten wichtige Schlüsse ziehen.

Schlüsse aus den 7 Tabellen.

Prozentzahl der Fälle, wo von einer Farbe:	Falls A von derselben Farbe in der Hand hat:						
	a) 6 K.	b) 5 K.	c) 4 K.	d) 3 K.	e) 2 K.	f) 1 K.	g) 0 K.
1. mindestens eine Karte im Skat liegt:	9,1	17,7	26,0	33,8	41,1	48,1	54,5
2. zwei Karten im Skat liegen:	0	0,4	1,3	2,6	4,3	6,5	9,1
3. Renonce bei mindestens einem der Mitspieler ist:	100	56,7	28,6	13,5	6,0	2,5	0,9
4. jeder Mitspieler mindestens eine Karte hat:	0	43,3	71,4	86,5	94,0	97,5	99,1
5. jeder Mitspieler mindestens zwei Karten hat:	0	0	0	27,7	56,4	76,3	88,2
6. jeder Mitspieler mindestens drei Karten hat:	0	0	0	0	0	19,3	46,4

D. Prüfung einiger sonstiger Fragen.

Die Tabellen in C reichen für viele Fälle aus, in denen einem Skatspieler daran liegt, die Verteilungswahrscheinlichkeiten der nicht in seiner Hand befindlichen 22 Karten kennen zu lernen, um daraus einen Anhalt für die Art zu gewinnen, wie er am besten zu spielen hat. Hat er z. B. von einer Farbe das Ass, und dieses dreimal besetzt, so entnimmt er aus der in der letzten Tabelle unter 4 c) stehenden Zahl 71,4, dass er mit fast $\frac{3}{4}$ oder 75 Prozent Wahrscheinlichkeit darauf rechnen kann, dass beide Mitspieler bedienen werden, falls er das Ass ausspielt. Hat er es aber viermal besetzt, so entnimmt er aus der in der letzten Tabelle unter 4 b) stehenden Zahl, dass er darauf viel weniger rechnen kann, da es öfter vorkommen muss, dass nicht beide Spieler bedienen, als dass sie bedienen. Um zu zeigen, wie in ähnlicher Weise die Wahrscheinlichkeiten auch dann berechnet werden können, wenn schon ein Stich oder mehrere Stiche gemacht und wie überhaupt spezielle, in C noch nicht berücksichtigte Fälle zu behandeln sind, besprechen wir noch die folgenden Beispiele.

1. Ein Spieler habe von einer Farbe nur Ass und Zehn. Auf das Ass wurde ihm von beiden Seiten bedient, und es fragt sich nun für ihn, wieviel Chancen er hat, dass auch seine Zehn durchgeht. Da ausser seinen Karten noch 20 im Spiel sind, die sich unter die beiden Mitspieler und den Skat zu neun, neun und zwei verteilen, so erhalten wir die Zahl der möglichen Fälle in folgender Weise durch die in § 1 besprochenen Kombinationszahlen ausgedrückt:

$$20_9 \,.\, 11_9.$$

Von diesen möglichen Fällen sind Treffer erstens diejenigen, wo von der betreffenden Farbe der eine Mitspieler 2 Karten, der andere 1 Karte hat, zweitens auch diejenigen, wo jeder nur 1 Karte hat und die dritte im Skat liegt. Demgemäss erhalten wir, da noch 17 Karten ausser jener Farbe im Spiel sind:

$$2 \cdot 3_2 \cdot 17_7 \cdot 10_8 + 3_1 \cdot 2_1 \cdot 17_8 \cdot 9_8.$$

Dividieren wir diese Trefferzahl durch die angegebene Zahl der möglichen Fälle, so erhalten wir:

$$\frac{27}{38} \text{ oder } 71{,}1 \text{ Prozent}$$

für die gesuchte Wahrscheinlichkeit. Der Spieler wird daher darauf, dass nun auch auf seine Zehn bedient wird, etwa ebenso rechnen können, wie er bei einem dreifach besetzten Ass darauf rechnen kann, dass auf das Ass bedient wird. Wenn er aber ausser Ass und Zehn noch eine dritte Karte von derselben Farbe hat, so ergiebt sich nur:

$$\frac{81}{190} \text{ oder } 42{,}6 \text{ Prozent}$$

für die Wahrscheinlichkeit, dass, nachdem auf das Ass bedient ist, nun auch noch auf die Zehn bedient wird.

2. Mitten im Spiele, nachdem 5 Stiche gemacht sind, möchte ein Spieler gern eine Farbe hoch ausspielen, von der er weiss, dass nur noch zwei kleine Karten bei den Gegnern oder im Skat vorhanden sein können. Er weiss ferner, dass auch noch 2 Trümpfe ausserhalb seiner fünf Karten sind. Er möchte nun daraus ermitteln, wieviel Chancen er hat, beim Ausspielen der hohen Karte den Stich zu bekommen. Er behält ihn erstens in dem Falle, wo jeder der beiden Gegner von der Farbe noch eine Karte hat, zweitens aber auch in jedem Falle, wo von den beiden Gegnern einer die Farbe hat und der andere weder die Farbe noch auch Trumpf hat. Als Wahrscheinlichkeit ergiebt sich für

den ersten Fall $\frac{25}{66}$, für den zweiten Fall $\frac{25}{198}$, sodass der Spieler mit

$$\frac{100}{198} \text{ oder } 50,5 \text{ Prozent}$$

Wahrscheinlichkeit den Stich behält. Er hat also ungefähr ebensoviel Chancen, den Stich zu gewinnen, wie ihn zu verlieren.

3. Wenn ein Gegenspieler eine blanke Zehn hat, so wird ihm daran liegen, zu erfahren, ob sein Helfer oder der Spieler das gleichfarbige Ass hat. Hier kann ihm aber auch die Wahrscheinlichkeitsrechnung nichts verraten. Denn sie ergiebt natürlich für beide Fälle gleiche Wahrscheinlichkeit, nämlich $\frac{5}{11}$ oder 45,5 Prozent. Die restierenden $\frac{1}{11}$ oder 9,1 Prozent geben die Wahrscheinlichkeit, dass das betreffende Ass im Skat liegt. Da auch im letzteren Fall die ausgespielte Zehn, falls der Spieler noch bedienen kann, den beiden Gegenspielern zufällt, so ergiebt sich 54,6 Prozent für die Wahrscheinlichkeit, dass die blanke Zehn nicht vom Spieler gefangen wird. Noch etwas niedriger ist aber die angegebene Prozentzahl deshalb anzusetzen, weil man bei jemand, der ein Spiel übernommen hat, leichter das Vorhandensein von Assen vorauszusetzen hat, als bei dem Helfer, der das Spiel nicht übernommen hat.

4. Es kommt bisweilen vor, dass ein Treffsolo mit sieben Matadoren dadurch verloren geht, dass der Spieler in den drei übrigen Farben je eine kleine Karte hat,

und bei den Gegenspielern in jeder dieser drei Farben Ass und Zehn verteilt sitzen, so dass die letztern auf die Augensumme 63 kommen. Für die Wahrscheinlichkeit, dass jemand, der ein Treffsolo mit sieben Matadoren und drei kleinen Faussen in Pik, Coeur und Karo spielt, dieses Spiel auf die genannte Weise verliert, ergiebt sich:

$$\frac{1920}{24871} \text{ oder } 7{,}7 \text{ Prozent,}$$

d. h. unter 13 Malen durchschnittlich 1 mal.

E. Das Nullspiel.

Die in § 1 erörterten Methoden ermöglichen es auch, die Wahrscheinlichkeit zu berechnen, mit welcher der Spieler eines Nullo von seinen Gegnern in einer Farbe „gefasst" wird, von der er gewisse Karten, z. B. nur die Sieben und die Zehn, in der Hand hat, falls weder der Spieler noch die Gegner Gelegenheit gehabt haben, vorher in dieser Farbe abzuwerfen. Da aber die zu behandelnden Aufgaben dieser Gattung sehr mannigfaltig sind, so hat der Verfasser auf Vollständigkeit verzichtet und legt hier die Lösung nur von einigen Wahrscheinlichkeitsaufgaben des Nullspiels vor.

Hat der Spieler von einer Farbe nur die Sieben, so muss ihm dieselbe natürlich abgenommen werden, gleichviel, wie die übrigen Karten bei den Gegnern verteilt sind. Hat der Spieler aber die Acht „blank", so kann er gefasst werden, falls der eine Gegenspieler die Sieben hat und der andere gar keine Karte von der betreffenden Farbe besitzt. Letzterer kann also, da von den drei andern Farben 15 nicht in der Hand des

Spielers sind, 15_{10} Gruppen von zehn Karten haben. Ferner darf von den 12 Karten, die weder der letztgenannte Gegenspieler noch der Spieler haben, die Sieben der betreffenden Farbe nicht im Skat liegen, damit es möglich wird, dass das Nullo wegen dieser Farbe verloren geht. Es sind also dafür $15_{10} \cdot 11_2$ zutreffende Fälle vorhanden, während $22_{10} \cdot 12_2$ Fälle überhaupt möglich sind. Daraus ergiebt sich:

$$\frac{5}{646} \text{ oder } 0{,}8 \text{ Prozent}$$

für die Wahrscheinlichkeit, dass ein Nullspieler durch eine blanke Acht gefasst wird.

Bedeutend grösser wird diese Wahrscheinlichkeit, wie jeder Skatspieler auch aus Erfahrung weiss, wenn der Nullspieler statt einer blanken Acht eine blanke Neun hat. Denn dann ist er nicht bloss in den Fällen zu fassen, wo der eine Gegenspieler in dieser Farbe Renonce hat und der andere Gegenspieler die Sieben oder die Acht oder beide hat, sondern auch in den zahlreichen Fällen, wo der eine Gegenspieler die Sieben, der andere die Acht hat. Berücksichtigt man alle diese Fälle genau, so erhält man:

$$\frac{65\,965}{149\,226} \text{ oder } 44{,}2 \text{ Prozent}$$

für die Wahrscheinlichkeit, dass ein Nullspieler durch eine blanke Neun gefasst wird.

Komplizierter werden die Lösungen der entsprechenden Aufgaben, falls der Nullspieler zwei oder noch mehr Karten von einer und derselben Farbe besitzt. Wir besprechen daher von diesen Aufgaben nur noch die einfachste und wichtigste, nämlich die Berechnung der erfahrungsmässig geringen Wahrscheinlichkeit, in einer Farbe gefasst zu werden, von der man nur die Sieben und die Neun hat. Dabei unterscheiden wir zwei Spielweisen, ob nämlich der Nullspieler die Sieben oder die Neun zuerst zieht. Spielt er die Neun zuerst, so kann er nur gefasst werden, wenn der eine Gegenspieler die Acht hat und der andere die Farbe gar nicht hat. Letzterer kann daher, da 16 Karten aus den drei andern Farben nicht in der Hand des Spielers sitzen, 16_{10} Kartengruppierungen haben. Von den 12 Karten, die weder dieser Gegenspieler noch der Spieler besitzen, darf die Acht nicht im Skat liegen, sodass noch 11_2 Kartenpaare den Skat bilden könnten. Hieraus ergiebt sich:

$$\frac{20}{969} \text{ oder } 2{,}1 \text{ Prozent}$$

für die gesuchte Wahrscheinlichkeit. Wenn aber der Nullspieler die Sieben zuerst zieht, so ist er ausser bei der soeben besprochenen Verteilung auch noch dann zu fassen, wenn der eine Gegenspieler die Acht und der andere eine, aber auch nur eine Karte der betreffenden Farbe hat. Dann kann der letztere nämlich diese eine Karte auf die ausgespielte Sieben zugeben, und hat nachher nicht mehr zu bedienen, wenn der Spieler die Neun geben muss, nachdem der andere Gegenspieler seine Acht ausgespielt hat. Bei dieser Spielweise kommen zu den $2 \cdot 16_{10} \cdot 11_2$ Treffern des vorigen Falls noch $2 \cdot 5_1 \cdot 16_9 \cdot 11_2$ Treffer hinzu, wodurch die Wahrscheinlichkeit, dass der Nullspieler gefasst wird, auf

$$\frac{1140}{6783} \text{ oder } 16{,}8 \text{ Prozent}$$

anwächst. Hiernach ist es auch in dem Falle, wo von der Farbe, in welcher ein Nullspieler nur Sieben und

Tabelle für das Nullspiel.

Falls weder der Nullspieler noch seine beiden Gegner Gelegenheit hatten, in einer Farbe abzuwerfen, beträgt die Wahrscheinlichkeit, dass der Nullspieler in dieser Farbe gefasst wird, so viel Prozent, wie hier angegeben ist, wenn er von der Farbe nur hat:	Wahrscheinlichkeit: Prozente
1. die Sieben	0,0
2. die Acht	0,8
3. die Neun	44,2
4. die Zehn	72,4
5. den Buben	87,4
6. die Dame	94,9
7. den König	98,5
8. das Ass	100,0
9. die Sieben und die Neun, falls er die Neun zuerst ausspielt	2,1
10. die Sieben und die Neun, falls er die Sieben zuerst ausspielt	16,8
11. die Sieben und die Zehn	45,7
12. Acht und Neun	16,8
13. Acht, Neun, Zehn	29,6
14. Acht, Neun, Zehn, Bube	48,2
15. Acht, Neun, Zehn, Bube, Dame	62,7
16. Acht, Neun, Zehn, Bube, Dame, König . . .	47,6
17. Acht, Neun, Zehn, Bube, Dame, König, Ass, falls er diese Farbe nicht selbst ausspielt .	90,9

Neun hat und von den Gegnern nicht abgeworfen wird, sehr viel gefährlicher, die Sieben vor der Neun zu ziehen, als umgekehrt zu verfahren.

Die Lösung der soeben behandelten und noch mehrerer anderer auf das Nullspiel bezüglichen Aufgaben, enthält die auf S. 204 stehende Tabelle dieses Paragraphen. Von den Zahlen derselben dürften die in 15 und 16 genannten überraschend sein. Während also der Besitz der fünf Karten von Acht bis Dame in einer und derselben Farbe sehr gefährlich ist, ist der Besitz der sechs Karten von Acht bis König viel weniger bedenklich, und birgt nicht viel mehr Gefahren, als der Besitz einer blanken Neun, immer vorausgesetzt, dass, bis diese Farbe gespielt wird, weder die Spieler noch die Gegner Gelegenheit hatten, in ihr abzuwerfen.

§ 3.

Force-majeure-Probleme.

Die französischen Mathematiker Fermat und Pascal begründeten um 1650 die Wahrscheinlichkeitsrechnung, indem sie die Lösung eines Problems von folgender Art erörterten. Zwei Spieler A und B zahlen beide einen gleichen Einsatz und verabreden, dass derjenige, der zuerst fünf Spiele gewonnen hat, den Gesamteinsatz erhalten soll. Die Wahrscheinlichkeit, ein Spiel zu gewinnen, ist für A und B gleich gross, für jeden also $\frac{1}{2}$. Nachdem nun A nur vier Spiele, B nur drei Spiele gewonnen hat, tritt eine solche Katastrophe ein, dass an eine Beendigung der Spielserie nicht mehr zu denken ist. Es fragt sich, in welchem Verhältnis der Einsatz zu teilen ist. Dass A mehr zu beanspruchen hat als B, ist klar, da er dem verabredeten Ziele, fünf Spiele zu gewinnen, näher gekommen war, als B. Bei oberflächlicher Beurteilung könnte man daran denken, den Einsatz im Verhältnis 4 zu 3 zu teilen, nämlich nach der Zahl der gewonnenen Spiele. Dass dies aber nicht richtig sein kann, ersieht man daraus, dass dann dasselbe Verhältnis ja auch zu nehmen wäre, wenn die verabredete Zahl der zu gewinnenden Spiele 50 statt 5 betrüge, während doch dann A dem Ziele bei weitem nicht so nahe gekommen wäre, also das eine Spiel, das A mehr als B thatsächlich gewonnen hat, bei weitem nicht so ins Gewicht fallen könnte. In der That ergiebt sich, bei genauerer Überlegung, das Teilungsverhältnis:

3 zu 1,

wie man auf folgende Weise erhält. Wenn weiter gespielt würde, so müsste A der Einsatz in zwei Fällen zufallen, erstens, wenn er das achte Spiel gewönne, zweitens aber auch, wenn er das achte Spiel verlöre, dafür aber das neunte gewönne. Da nun die Wahrscheinlichkeit, ein Einzelspiel zu gewinnen $\frac{1}{2}$ ist, und es zu verlieren, auch $\frac{1}{2}$ ist, so ergiebt sich für A die Wahrscheinlichkeit, den Einsatz zu erhalten, gleich

$$\frac{1}{2} + \frac{1}{2} \cdot \frac{1}{2} = \frac{3}{4}.$$

Eine Bestätigung finden wir dadurch, dass wir für B die Wahrscheinlichkeit, den Einsatz zu gewinnen, berechnen, B kann nur gewinnen, wenn er sowohl das achte als auch das neunte Spiel gewinnt, Hierfür ergiebt sich aber die Wahrscheinlichkeit:

$$\frac{1}{2} \cdot \frac{1}{2} = \frac{1}{4}.$$

Der Umstand, dass die Summe der erhaltenen Brüche $\frac{3}{4}$ und $\frac{1}{4}$ gleich 1 ist, ergiebt die gewünschte Bestätigung.

Sehr viel komplizierter wird die Berechnung, wenn A und B zur Zeit, wo force majeure eintritt, dem verabredeten Ziele noch ferner sind. Halten wir dann die Zahl 5 als die verabredete Zahl der zu gewinnenden Spiele fest, nehmen aber an, A habe erst 3 Spiele, B erst eins gewonnen, als eine Katastrophe die Spiele unterbrach. A kann dann den Einsatz in zehn Fällen gewinnen. Diese Fälle unterscheiden wir am einfachsten dadurch, dass wir die Male, wo A gewinnt, mit a, die Male, wo B gewinnt, mit b bezeichnen, sodass also z. B.:

b a b a

bedeuten soll, dass B das erste Spiel nach der Katastrophe, A das zweite, B das dritte, A das vierte danach gewonnen hätte. Dann sind für A günstig die folgenden Fälle:

a a, a b a, a b b a, a b b b a,
b a a, b a b a, b a b b a,
b b a a, b b a b a, b b b a a.

Die entsprechenden Wahrscheinlichkeitsbrüche sind:

$$\left(\frac{1}{2}\right)^2, \left(\frac{1}{2}\right)^3, \left(\frac{1}{2}\right)^4, \left(\frac{1}{2}\right)^5,$$
$$\left(\frac{1}{2}\right)^3, \left(\frac{1}{2}\right)^4, \left(\frac{1}{2}\right)^5,$$
$$\left(\frac{1}{2}\right)^4, \left(\frac{1}{2}\right)^5, \left(\frac{1}{2}\right)^5.$$

Die Summe dieser Brüche beträgt $\frac{26}{32} = \frac{13}{16}$.

Für B sind die folgenden fünf Fälle günstig:

bbbb, bbbab, bbabb, babbb, abbbb.

Diesen Fällen entsprechen die Wahrscheinlichkeitsbrüche:

$$\left(\frac{1}{2}\right)^4, \left(\frac{1}{2}\right)^5, \left(\frac{1}{2}\right)^5, \left(\frac{1}{2}\right)^5, \left(\frac{1}{2}\right)^5,$$

deren Summe $\frac{6}{32} = \frac{3}{16}$ beträgt. Eine Kontrolle der Überlegung liefert der Umstand, dass $\frac{13}{16} + \frac{3}{16} = 1$ ist. Bei diesem zweiten Beispiele ist also der Einsatz im Verhältnis

13 zu 3

zu teilen.

Wir nehmen nun allgemein an, dass c die Anzahl der Einzelspiele sei, die A oder B gewonnen haben müssen, um den ganzen Einsatz zu bekommen und dass A schon a Spiele, B schon b Spiele gewonnen habe, als force-majeure eintrat, wo c natürlich grösser als a und als b sein muss. Es ist dann einfacher, die Zahl $c - a = \alpha$ der Spiele einzuführen, die A noch zu gewinnen hätte, um das Ziel zu erreichen, und analog sei $c - b = \beta$ die Zahl der Spiele, die B zu gewinnen hätte, um den Einsatz zu erhalten. Durch geschickte Verwertung der Eigenschaften der Kombinationszahlen (§ 1) gelingt es leicht, auch in diesem allgemeinen Falle die gesuchten Wahrscheinlichkeiten in einfachster Form durch α und β auszudrücken. Es ergiebt sich nämlich für A die Wahrscheinlichkeit:

$$w_a = [(\alpha+\beta-1)_\alpha + (\alpha+\beta-1)_{\alpha+1} + \ldots (\alpha+\beta-1)_{\alpha+\beta-1}] : 2^{\alpha+\beta-1}$$

und für B die Wahrscheinlichkeit:

$$w_b = [(\alpha+\beta-1)_\beta + (\alpha+\beta-1)_{\beta+1} + \ldots (\alpha+\beta-1)_{\alpha+\beta-1}] : 2^{\alpha+\beta-1}.$$

Einerseits der Umstand, dass durch Vertauschung von α und β der eine Ausdruck in den andern übergeht, andrerseits der Umstand, dass die Summe der Zähler beider Ausdrücke den Nenner $2^{\alpha+\beta-1}$ ergiebt, liefert eine Kontrolle. In unserm ersten Beispiele war $\alpha = 1$, $\beta = 2$. Daher kommt nach den obigen Formeln:

$$w_a = (2_1 + 2_2) : 2^2 = (2+1) : 4 = \frac{3}{4},$$

$$w_b = 2_2 : 2^2 = 1 : 4 = \frac{1}{4}.$$

In unserm zweiten Beispiele war $\alpha = 2$, $\beta = 4$. Also ergiebt sich:

$$w_a = (5_2 + 5_3 + 5_4 + 5_5) : 2^5 = (10 + 10 + 5 + 1) : 32 = \frac{26}{32} = \frac{13}{16},$$

$$w_b = (5_4 + 5_5) : 2^5 = (5+1) : 32 = \frac{6}{32} = \frac{3}{16}.$$

Drittens habe A bis zur Erreichung des verabredeten Zieles noch 5 Spiele, B noch 6 Spiele zu gewinnen, als force-majeure eintrat und der Einsatz geteilt werden sollte. Dann ergiebt sich:

$$
\begin{aligned}
w_a &= (10_5 + 10_6 + 10_7 + 10_8 + 10_9 + 10_{10}) : 2^{10} \\
&= (252 + 210 + 120 + 45 + 10 + 1) : 1024 \\
&= \frac{638}{1024} = \frac{319}{512} \text{ oder 62 Prozent,}
\end{aligned}
$$

$$
\begin{aligned}
w_b &= (10_6 + 10_7 + 10_8 + 10_9 + 10_{10}) : 2^{10} \\
&= (210 + 120 + 45 + 10 + 1) : 2^{10} \\
&= \frac{386}{1024} = \frac{193}{512} \text{ oder 38 Prozent.}
\end{aligned}
$$

Viertens habe A nötig, noch 2 Spiele, B aber noch 9 Spiele zu gewinnen, um so den ganzen Einsatz zu erhalten, als die jähe Spielunterbrechung stattfand. Dann ist der Einsatz in dem Verhältnis w_a zu w_b zu teilen, wo w_a und w_b sich in folgender Weise aus der oben angestellten Formel ergeben:

$$
\begin{aligned}
w_a &= (10_2 + 10_3 + 10_4 + 10_5 + 10_6 + 10_7 + 10_8 \\
&\qquad + 10_9 + 10_{10}) : 2^{10} \\
&= (45 + 120 + 210 + 252 + 210 + 120 + 45 \\
&\qquad + 10 + 1) : 2^{10} \\
&= 1013 : 1024; \\
w_b &= (10_9 + 10_{10}) : 2^{10} = 11 : 1024.
\end{aligned}
$$

Hiernach hat also A fast 99 %, B wenig über 1 % von dem Einsatz zu beanspruchen.

Der Verfasser hat das soeben behandelte Problem auch auf den Fall ausgedehnt, dass die Wahrscheinlichkeiten, ein Einzelspiel zu gewinnen, bei A und B verschieden sind, also etwa p für A und demnach 1 — p für B. Da die Ableitung der Resultate des Verfassers Laien nicht hinreichend verständlich gemacht werden kann, so folgt hier nur die Mitteilung der Formeln. A habe noch α Spiele zu gewinnen, B noch β, als die plötzliche Unterbrechung eintritt. Dann ergeben sich die Wahrscheinlichkeiten w_a und w_b, den Einsatz zu gewinnen, für A und für B aus folgenden Formeln:

$$w_a = p^\alpha [(\alpha - 1)_{\alpha - 1} + \alpha_{\alpha - 1} \cdot (1 - p)^1 + (\alpha + 1)_{\alpha - 1} \cdot (1 - p)^2 + \ldots + (\alpha + \beta - 2)_{\alpha - 1} \cdot (1 - p)^{\beta - 1}];$$

$$w_b = (1 - p)^\beta [(\beta - 1)_{\beta - 1} + \beta_{\beta - 1} \cdot p^1 + (\beta + 1)_{\beta - 1} \cdot p^2 + \ldots (\alpha + \beta - 2)_{\beta - 1} p^{\alpha - 1}].$$

Wir fügen noch einige Beispiele für die Anwendung dieser Formeln hinzu:

1. Es sei $p = \frac{1}{2}$, $\alpha = 2$, $\beta = 4$. Dann ergiebt sich:

$$w_a = \frac{1}{4}\left[1_1 + 2_1 \cdot \frac{1}{2} + 3_1 \cdot \frac{1}{4} + 4_1 \cdot \frac{1}{8}\right] = \frac{13}{16};$$

$$w_b = \frac{1}{16}\left[3_3 + 4_3 \cdot \frac{1}{2}\right] = \frac{3}{16}.$$

Diese Resultate $\frac{13}{16}$ und $\frac{3}{16}$ bestätigen die Ergebnisse des oben behandelten zweiten Beispiels.

2. $p = \frac{2}{3}$, $\alpha = 2$, $\beta = 4$. Wir erhalten:

$$w_a = \frac{4}{9}\left[1_1 + 2_1 \cdot \frac{1}{3} + 3_1 \cdot \frac{1}{9} + 4_1 \cdot \frac{1}{27}\right] = \frac{232}{243};$$

$$w_b = \frac{1}{81}\left[3_3 + 4_3 \cdot \frac{2}{3}\right] = \frac{11}{242}.$$

Wenn also A ein Einzelspiel mit der Wahrscheinlichkeit $\frac{2}{3}$, B ein solches mit der Wahrscheinlichkeit $\frac{1}{3}$ gewinnt, wenn ferner verabredet ist, dass derjenige der Gewinner der Spielserie ist, der zuerst 10 Spiele gewonnen hat, und wenn endlich force-majeure eintritt, als A erst 8, B 6 Spiele gewonnen hatte, so ist der Gesamteinsatz im Verhältnis

232 zu 11

zu teilen.

3. $p = \frac{3}{5}$, $\alpha = 2$, $\beta = 3$. Es ergiebt sich aus unseren Formeln:

$$w_a = \frac{9}{25}\left[1_1 + 2_1 \cdot \frac{2}{5} + 3_1 \cdot \frac{4}{25}\right] = \frac{513}{625};$$

$$w_b = \frac{8}{125}\left[2_2 + 3_2 \cdot \frac{3}{5}\right] = \frac{112}{625}$$

In diesem Falle wäre also der Einsatz im Verhältnis

513 zu 112

zu teilen.

In theoretischer Beziehung kann man zu den oben besprochenen Problemen auch solche Probleme rechnen, welche nach den Bedingungen fragen, unter denen ein neuer Spieler in eine Spielgemeinschaft aufgenommen werden kann, die schon eine Reihe von Spielen gemacht hat, obwohl bei der Berechnung dieser Bedingungen die

Wahrscheinlichkeitsrechnung nicht vorzukommen braucht. Als Beispiel für solche Probleme nehmen wir ein beim Skatspiel übliches, aber falsches Verfahren.*)

Wenn drei Personen A, B, C Geldskat spielen, so wird gewöhnlich nicht nach jedem Spiel, das einer gegen die beiden anderen gewonnen oder verloren hat, abgerechnet, sondern jedes Spiel wird auf das Konto nur dessen geschrieben, der der Spieler gegen die beiden andern war, und nach Abschluss der Spielserie wird das Debet und Credit jedes der drei Spieler unter Rücksichtnahme darauf berechnet, dass die Zahl, auf der jemand steht, mit 2 zu multiplizieren ist, weil sie den beiden Mitspielern gegenüber geltend zu machen ist. Dies ist selbstverständlich richtig, und in praxi sind mehrere Methoden üblich, um möglichst schnell den Gewinn bezw. den Verlust der drei Mitspieler A, B, C zu berechnen.

Wenn nun aber, nachdem A, B, C schon eine Zeit lang gespielt haben, ein Vierter D hinzukommt und in die Spielgenossenschaft aufgenommen wird, so fragt es sich, was zu thun ist, damit weder A, B, C noch D zu kurz kommen. Natürlich ist nichts dagegen einzuwenden, wenn A, B, C zuvor unter sich abrechnen, und dann eine neue Spielserie von vier Personen A, B, C, D begonnen wird, bei deren Abschluss natürlich zu berücksichtigen ist, dass jedes Spiel, das einer gemacht hat, gegen drei Debitores bezw. Kreditores gewonnen

*) Der Verfasser besprach dieses Verfahren, und wie es zu berichtigen ist, schon im „Hamburger Vereinsblatt“ vom 6. Juli 1894.

bezw. verloren ist. Meist aber rechnet man nicht vor Aufnahme des vierten Spielers ab, sondern nimmt ihn auf, indem man ihm den Durchschnitt der drei bei A, B, C schon notierten Pointssummen giebt. Dies ist aber durchaus falsch. Ein Beispiel wird genügen, um klarzulegen, warum die übliche Methode falsch ist. Bei A, B, C mögen schon beziehungsweise die Zahlen:

64, 88, 157

notiert sein, wenn D hinzutreten soll. Der Durchschnitt, d. h. der dritte Teil von 64 + 88 + 157 beträgt 103. Wir nehmen nun, dem falschen Usus folgend, an, D werde mit der Pointszahl 103 in die Spielgemeinschaft aufgenommen. Nach den vor Aufnahme von D notierten Zahlen, beträgt aber Gewinn oder Verlust von A, B, C:

$$\begin{aligned} A&: 2 \cdot 64 - 88 - 157 = -117; \\ B&: 2 \cdot 88 - 64 - 157 = -45; \\ C&: 2 \cdot 157 - 64 - 88 = +162. \end{aligned}$$

Wenn nun aber, nach Aufnahme von D mit einem Konto von 103, weitergespielt wird, so werden, nach Abschluss der Spielserie, die vor Aufnahme von D schon gemachten Spiele so gerechnet, als ob A auf 64, B auf 88, C auf 157, D auf 103 stände. Dies giebt für A, B, C, D den folgenden Gewinn oder Verlust:

$$\begin{aligned} A&: 3 \cdot 64 - 88 - 157 - 103 = -156 \\ B&: 3 \cdot 88 - 64 - 157 - 103 = -60 \\ C&: 3 \cdot 157 - 64 - 88 - 103 = +216 \\ D&: 3 \cdot 103 - 64 - 88 - 157 = 0 \end{aligned}$$

Man erkennt hieraus, dass die übliche Methode nur dem neu aufgenommenen Spieler das richtige Konto zuweist, nicht aber den drei sonstigen Spielern. A erleidet ohne Schuld einen Verlust von 156 — 117 = 39 Points, B von 60 — 45 = 15 Points, C einen nicht verdienten Gewinn von 216 — 162 = 54 Points.

Bei der grossen Verbreitung des Skatspiels in Deutschland ergiebt sich hieraus, dass durch die falsche, aber übliche Methode so und soviel Deutsche im Jahre von andern ohne Absicht übervorteilt werden. Wie ist dem abzuhelfen? Erstens natürlich dadurch, dass drei Skatspieler sofort unter sich abrechnen, ehe ein Vierter in den Bund eintritt. Zweitens aber ergiebt sich die Frage, was mit den Zahlen, auf denen die ursprünglichen Spieler stehen, zu thun ist, damit alles gerecht zugehe, wenn man nach Eintritt des Vierten in üblicher Weise weiter anschreibt, und dann berechnet, als wenn von vornherein vier Spieler gespielt haben. Bezeichnet man mit a, b, c die ursprünglichen Points der drei Spieler, dagegen mit a′, b′, c′, d′ das, was für die Spieler zu notieren, nachdem der vierte D aufgenommen ist, so müssen zwischen den sieben Zahlen die folgenden vier Gleichungen bestehen:

$$2a - b - c = 3a' - b' - c' - d';$$
$$2b - c - a = 3b' - c' - d' - a';$$
$$2c - a - b = 3c' - d' - a' - b';$$
$$0 = 3d' - a' - b' - c'.$$

Am einfachsten lässt sich dieses Gleichungssystem durch die folgenden Werte von a′, b′, c′, d′ erfüllen:

$$a' = \tfrac{3}{4}a;$$
$$b' = \tfrac{3}{4}b;$$
$$c' = \tfrac{3}{4}c;$$
$$d' = \tfrac{1}{4}(a + b + c).$$

Dem vierten neu aufgenommenen Spieler ist also der vierte Teil der Summe der drei Zahlen anzuschreiben, auf denen die drei andern stehen, zugleich aber ist jede dieser drei Zahlen um ein Viertel ihrer Grösse zu vermindern.

Bei dem obigen Beispiele hatte A schon 64, B 88, C 157 Points, als D aufgenommen werden sollte. Daher mussten bei Aufnahme von D notiert werden:

für A: $64 - 16 = 48$;
für B: $88 - 22 = 66$;
für C: $157 - 39\frac{1}{4} = 117\frac{3}{4}$;
für D: $\frac{1}{4}(64 + 88 + 157) = \frac{1}{4} . 309 = 77\frac{1}{4}$.

Wenn man nun diese Zahlen:

$$48,\ 66,\ 117\tfrac{3}{4},\ 77\tfrac{1}{4}$$

nach der Methode in Rechnung zieht, die man bei vier Spielern anwenden muss, um ihren Gewinn oder Verlust zu berechnen, so erhält man:

für A: $3 . 48 - 66 - 117\frac{3}{4} - 77\frac{1}{4} = -117$;
für B: $3 . 66 - 48 - 117\frac{3}{4} - 77\frac{1}{4} = -45$;
für C: $3 . 117\frac{3}{4} - 48 - 66 - 77\frac{1}{4} = +162$;
für D: $3 . 77\frac{1}{4} - 48 - 66 - 117\frac{3}{4} = 0$.

Dies sind aber genau die schon oben aus 64, 88, 157 bei nur drei Spielern berechneten Zahlen.

§ 4.

Ursachenprobleme.

Auf einem Tische liegen drei Häufchen von je zehn Karten. Das erste enthält 1 Karo, das zweite 3 Karo, das dritte 4 Karo, sodass die Wahrscheinlichkeiten, aus den drei Häufchen eine Karte zu ziehen, die Karo ist, beziehungsweise $\frac{1}{10}, \frac{3}{10}, \frac{4}{10}$ sind. Nun zieht die Person A, in Abwesenheit der Person B, aus einem der drei Häufchen eine Karte, die sich als eine Karokarte ausweist. Es fragt sich nun, mit welcher Wahrscheinlichkeit B anzunehmen hat, dass die gezogene Karte dem ersten, dem zweiten oder dem dritten Häufchen entstammt. B ist klar, dass die gesuchten drei Wahrscheinlichkeitsbrüche sich verhalten müssen, wie die oben angegebenen Brüche, also wie

$$\frac{1}{10} \text{ zu } \frac{3}{10} \text{ zu } \frac{4}{10}.$$

Er weiss aber auch, dass die Summe der gesuchten Wahrscheinlichkeiten 1 sein muss, weil es gewiss ist, dass die gezogene Treffkarte einem der drei Häufchen entstammen muss. Wir haben daher, nach der sogenannten Gesellschafts- oder Teilungsrechnung die Zahl 1 im Verhältnis $\frac{1}{10}$ zu $\frac{3}{10}$ zu $\frac{4}{10}$ zu teilen. Für die drei Teile erhält man also:

$$\frac{\frac{1}{10}}{\frac{1}{10}+\frac{3}{10}+\frac{4}{10}}=\frac{1}{8};$$

$$\frac{\frac{3}{10}}{\frac{1}{10}+\frac{3}{10}+\frac{4}{10}}=\frac{3}{8};$$

$$\frac{\frac{4}{10}}{\frac{1}{10}+\frac{3}{10}+\frac{4}{10}}=\frac{4}{8}.$$

So gross sind also auch die Wahrscheinlichkeiten dafür, dass die gezogene Treffkarte dem ersten, dem zweiten oder dem dritten Häufchen entnommen ist.

Wir betrachten ein zweites Beispiel:

Die erste von vier Urnen enthalte unter 8 Kugeln 5 weisse, die zweite Urne unter 12 Kugeln 7 weisse, die dritte unter 16 Kugeln 3 weisse, die vierte unter 24 Kugeln 19 weisse. Jemand zieht aus einer der vier Urnen eine Kugel. Dieselbe ist weiss. Welche Wahrscheinlichkeit spricht dafür, dass dieselbe der ersten, zweiten, dritten oder vierten Urne entnommen ist. Die gesuchten Wahrscheinlichkeitsbrüche müssen sich verhalten wie:

$$\frac{5}{8} \text{ zu } \frac{7}{12} \text{ zu } \frac{3}{16} \text{ zu } \frac{19}{24}$$

und zur Summe 1 haben. Wir erhalten als Summe der vier Brüche:

$$\frac{5}{8}+\frac{7}{12}+\frac{3}{16}+\frac{19}{24}=\frac{30+28+9+38}{48}=\frac{105}{48}.$$

Daher sind die gesuchten Wahrscheinlichkeiten:

$$\frac{30}{105}, \frac{28}{105}, \frac{9}{105}, \frac{38}{105}.$$

Diese beiden Beispiele lassen die Richtigkeit des folgenden allgemeinen Satzes erkennen: Wenn ein eingetretenes Ereignis n verschiedene Ursachen $U_1, U_2, \ldots U_n$ haben kann, und das Ereignis durch die alleinige Wirkung der Ursache U_1 mit der Wahrscheinlichkeit w_1 eintritt, durch U_2 mit der Wahrscheinlichkeit w_2 und so fort, so ist, wenn das Ereignis wirklich eingetreten ist, die Wahrscheinlichkeit dafür, das die Ursache U_1 es bewirkt hat:

$$\frac{w_1}{w_1+w_2+w_3+\ldots+w_n},$$

dass U_2 es bewirkt hat:

$$\frac{w_2}{w_1+w_2+w_3+\ldots+w_n},$$

u. s. w.

Mit Hilfe dieses allgemeinen Satzes kann man manche interessante Probleme lösen. Angenommen, jemand wisse von den in einer Urne befindlichen Kugeln nur, dass ihre Anzahl 5 ist, aber nicht, welche Farbe dieselben haben. Er zieht eine heraus, dieselbe ist weiss. Es fragt sich dann, wie gross die Wahrscheinlichkeit sei, dass dies davon herrührt, dass 5, 4, 3, 2 oder eine weisse Kugel in der Urne sind. Die 5 Ursachen bewirken das Ergebnis mit den Wahrscheinlichkeiten:

$$\frac{5}{5}, \frac{4}{5}, \frac{3}{5}, \frac{2}{5}, \frac{1}{5}.$$

Demnach sind, da $5 + 4 + 3 + 2 + 1 = 15$ ist, die Wahrscheinlichkeiten, dass 5, 4, 3, 2 oder eine weisse Kugel in der Urne sind, beziehungsweise:

$$\frac{5}{15}, \frac{4}{15}, \frac{3}{15}, \frac{2}{15}, \frac{1}{15}.$$

Diese Resultate kann man verwerten, um die weitere Frage zu erledigen, wie gross die Wahrscheinlichkeit dafür sei, dass, nachdem die weisse Kugel gezogen ist, eine zum zweitenmale gezogene Kugel sich wieder als weiss erweist. Dabei nehmen wir zunächst an, dass die gezogene weisse Kugel wieder in die Urne hineingelegt ist. Dann ist die Wahrscheinlichkeit, dass die zuerst gezogene weisse Kugel aus einer Urne mit fünf weissen Kugeln stammt und dass zugleich diese Urne wieder eine weisse Kugel liefert, gleich:

$$\frac{5}{15} \cdot \frac{5}{5}.$$

Genau so ergiebt sich die Wahrscheinlichkeit, dass die Urne vier weisse Kugeln enthält und zugleich wieder eine weisse Kugel gezogen wird, gleich

$$\frac{4}{15} \cdot \frac{4}{5}$$

u. s. w. Demnach ist die Wahrscheinlichkeit, dass die zum zweitenmale gezogene Kugel sich wieder als weiss erweist, gleich der folgenden Summe von Produkten:

$$\frac{5}{15}\cdot\frac{5}{5}+\frac{4}{15}\cdot\frac{4}{5}+\frac{3}{15}\cdot\frac{3}{5}+\frac{2}{15}\cdot\frac{2}{5}+\frac{1}{15}\cdot\frac{1}{5}$$

$$=\frac{5^2+4^2+3^2+2^2+1^2}{15\,.\,5}=\frac{55}{5\,.\,15}=\frac{11}{15}.$$

Wenn zweitens die gezogene weisse Kugel nicht wieder in die Urne zurückgelegt wird, so ergiebt sich in ähnlicher Weise für die Wahrscheinlichkeit, dass die das zweite Mal gezogene Kugel wiederum weiss ist, gleich:

$$\frac{5}{15}\cdot\frac{4}{5}+\frac{4}{15}\cdot\frac{3}{5}+\frac{3}{15}\cdot\frac{2}{5}+\frac{2}{15}\cdot\frac{1}{5}=\frac{8}{15}.$$

Das soeben behandelte Problem lässt sich auf den Fall verallgemeinern, dass die Urne n Kugeln enthalte, von denen man nicht weiss, ob sie weiss oder andersfarbig sind. Es liege dann die Thatsache vor, dass eine gezogene Kugel weiss ist, und es fragt sich, wie gross die Wahrscheinlichkeit dafür sei, dass man beim nochmaligen Ziehen einer Kugel wieder eine weisse fasse. Zunächst erhält man für die Wahrscheinlichkeit, dass die Urne, aus der die weisse Kugel thatsächlich gezogen ist, a weisse Kugeln enthält, nach den obigen Erörterungen:

$$\frac{a}{1+2+3+\ldots+n'}$$

also für die Wahrscheinlichkeit, dass dies der Fall ist, und dass zugleich von neuem eine weisse Kugel gezogen wird:

$$\frac{a}{1+2+\ldots+n} \cdot \frac{a}{n}.$$

Nun ist aber, wie früher gezeigt ist, die Summe aller Zahlen von 1 bis n gleich $\frac{1}{2} n (n+1)$. Also erhalten wir aus dem eben erhaltenen Produkte:

$$\frac{a^2}{\frac{1}{2} n^2 (n+1)}.$$

In diesem Ausdruck haben wir, der Reihe nach, für a die Zahlen 1, 2, 3, ... bis n einzusetzen und die erhaltenen Quotienten zu addieren, um die Wahrscheinlichkeit dafür zu erhalten, dass man beim zweiten Griff in die Urne wieder eine weisse Kugel fasst, wobei vorausgesetzt ist, dass die zuerst gezogene weisse Kugel wieder in die Urne gelegt ist, ehe man zum zweitenmal eine Kugel herausgreift. Wir erhalten also:

$$\frac{1^2+2^2+3^2+\ldots+n^2}{\frac{1}{2} n^2 (n+1)}.$$

Nun ist aber früher eine Formel für die Summe aller Quadratzahlen von 1^2 bis n^2 angegeben. Benutzen wir dieselbe, so erhalten wir:

$$w = \frac{\frac{1}{6} n (n+1)(2n+1)}{\frac{1}{2} n^2 (n+1)} = \frac{2n+1}{3n}$$

für die gesuchte Wahrscheinlichkeit. Ist $n=1$, so ist

$w = 1$, was selbstverständlich ist, ist $n = 2, 3, 4, 5, 6$, so ergeben sich beziehungsweise die Brüche

$$\frac{5}{6}, \frac{7}{9}, \frac{9}{12}, \frac{11}{15}, \frac{13}{18}.$$

Da der gefundene Wahrscheinlichkeitsbruch:

$$\frac{2n+1}{3n} \text{ in } \frac{2+\frac{1}{n}}{3}$$

umgeformt werden kann, so erkennt man, dass sich $\frac{2}{3}$ ergiebt, wenn n unendlich gross ist. Wir erhalten daher den folgenden Satz: Wenn aus einer Urne, von der kein Mensch weiss, wieviel Kugeln sie enthält, geschweige denn, wieviel weisse sie enthält, eine Kugel herausgezogen ist, die weiss ist, so ist, nachdem dieselbe wieder hineingelegt ist, mindestens 2 Mark gegen 1 Mark zu wetten, dass, beim nochmaligen Greifen in die Urne, die Farbe der ergriffenen Kugel wiederum weiss ist.

Wenn wir zweitens annehmen, dass die zuerst gezogene weisse Kugel nicht wieder in die Urne gelegt wird, so erhalten wir durch dieselbe Überlegung:

$$\frac{a}{\frac{1}{2}n(n+1)} \cdot \frac{a-1}{n-1}$$

für die Wahrscheinlichkeit, dass a weisse Kugeln in der Urne waren und zugleich beim zweiten Griff wieder eine weisse Kugel gefasst wird. Für dieses Produkt können wir aber schreiben:

$$\frac{4 \cdot a_2}{(n-1) \cdot n(n+1)}.$$

Setzen wir nun wieder für a die Zahlen von 1 bis n und addieren die erhaltenen Quotienten, so erhalten wir

$$\frac{4 \cdot (n+1)_3}{(n-1)\, n\, (n+1)} = \frac{4 \cdot \frac{1}{6} \cdot (n+1)\, n\, (n-1)}{(n-1)\, n\, (n+1)} = \frac{2}{3}.$$

In diesem Falle ist also die Wahrscheinlichkeit, unabhängig von der Gesamtzahl der in der Urne befindlichen Kugeln, gleich $\frac{2}{3}$. Wenn man also von den Farben und der Anzahl der in einer Urne befindlichen Kugeln gar nichts weiss, so kann man, nachdem eine weisse Kugel herausgezogen ist, 2 gegen 1 wetten, dass die nächste Kugel wieder weiss ist.

Bisher haben wir nur die Fälle betrachtet, in denen vorausgesetzt ist, dass nur einmal eine Kugel gezogen war, als eine zweite gezogen werden sollte. Wir dehnen jetzt das Problem auf den Fall aus, dass schon zwei oder mehr Kugeln gezogen waren, die alle weiss waren, und dann die Wahrscheinlichkeit berechnet werden soll, dass die von neuem gezogene Kugel wiederum weiss ist. Dabei unterscheiden wir wieder, ob die jedesmal gezogene Kugel wieder in die Urne gelegt wird oder nicht. Zuerst nehmen wir an, dass sie wieder hineingelegt wird. Dann erhalten wir für die Wahrscheinlichkeit, dass das Weisssein von zwei gezogenen Kugeln darin seinen Grund hat, dass a weisse Kugeln in der Urne waren, den folgenden Ausdruck:

$$\frac{\left(\frac{a}{n}\right)^2}{\left(\frac{1}{n}\right)^2+\left(\frac{2}{n}\right)^2+\ldots\left(\frac{n}{n}\right)^2}=\frac{a^2}{1^2+2^2+3^2+\ldots+n^2},$$

oder, nach der früher besprochenen Formel für die Summe der Quadratzahlen, den Quotienten:

$$\frac{a^2}{\frac{1}{6}n(n+1)(2n+1)}.$$

Multiplizieren wir diesen Quotienten mit $\frac{a}{n}$, so erhalten wir die Wahrscheinlichkeit dafür, dass a weisse Kugeln in der Urne waren und beim dritten Hineingreifen wieder eine weisse Kugel gezogen wird. Setzen wir dann in dem erhaltenen Produkte für a alle Zahlen von 1 bis n ein, und addieren, so erhalten wir:

$$\frac{1^3+2^3+3^3+\ldots n^3}{\frac{1}{6}n^2(n+1)(2n+1)}$$

oder:

$$\frac{\frac{1}{4}n^2(n+1)^2}{\frac{1}{6}n^2(n+1)(2n+1)} \text{ oder } \frac{3n+3}{4n+2},$$

welcher Bruch sich bei wachsendem n dem Bruche $\frac{3}{4}$ nähert. Es ist also mindestens 3 gegen 1 zu wetten, dass, nachdem zwei gezogene Kugeln weiss waren, eine dritte gezogene wieder weiss ist. So kann man weiter gehen, indem man annimmt, dass schon drei oder noch mehr Kugeln gezogen waren, die sich alle als weiss erwiesen haben. So erhält man, dass, nachdem schon v weisse Kugeln gezogen waren, die Wahrscheinlickeit, dass auch der $(v+1)$-te Griff eine weisse Kugel erscheinen lässt, gleich einem Bruche ist, der sich bei wachsendem n immer mehr dem Bruche:

$$\frac{v+1}{v+2}$$

nähert, sodass man also mindestens $(v+1)$ Mark gegen 1 Mark wetten kann, dass man, nachdem man v weisse Kugeln gezogen hat, wieder eine weisse zieht.

Wir setzen zweitens voraus, dass die gezogenen Kugeln nicht wieder in die Urne gelegt werden, und dass allgemein v Kugeln gezogen sind, die sämtlich sich als weiss erwiesen haben. Dabei ist es dann offenbar gleichgültig, ob die v Kugeln nacheinander oder mit einem Griff gezogen sind. Es handelt sich nun um die Berechnung der Wahrscheinlichkeit, dass nunmehr w gezogene Kugeln auch alle weiss sind. Nach dem oben abgeleiteten allgemeinen Ursachensatz ist die Wahrscheinlichkeit, dass die gezogenen v weissen Kugeln davon herrühren, dass die Urne a weisse Kugeln enthält, gleich

$$\frac{\frac{a_v}{n_v}}{\frac{v_v}{n_v} + \frac{(v+1)_v}{n_v} + \ldots \frac{n_v}{n_v}} = \frac{a_v}{v_v + (v+1)_v + \ldots + n_v}.$$

Diese Wahrscheinlichkeit haben wir mit der Wahrscheinlichkeit zu multiplizieren, dass weitere w gezogene Kugeln auch weiss sind, also mit:

$$\frac{(a-v)_w}{(n-v)_w}.$$

Das Produkt der Zähler:

$$a_v \,.\, (a-v)_w$$

lässt sich, mit Benutzung der Eigenschaften der Kombinationszahlen, umformen in:

$$(v+w)_v \,.\, a_{v+w}.$$

Ebenso lässt sich das Produkt der Nenner:

$$[v_v + (v+1)_v + \ldots n_v] \,.\, (n-v)_w$$
$$= (n-v)_w \,.\, (n+1)_{v+1}$$

umformen in:

$$\frac{v+w+1}{v+1} \,.\, (v+w)_v \,.\, (n+1)_{v+w+1}.$$

Also ist das Produkt der Wahrscheinlichkeiten gleich:

$$\frac{v+1}{v+w+1} \cdot \frac{a_{v+w}}{(n+1)_{v+w+1}}.$$

Setzt man nun für a die Zahlen von v + w bis n ein, und addiert die so entstehenden Produkte, so erhält man:

$$\frac{v+1}{v+w+1} \cdot \frac{(n+1)_{v+w+1}}{(n+1)_{v+w+1}} = \frac{v+1}{v+w+1}.$$

Wir erhalten also das merkwürdige Resultat, dass die gesuchte Wahrscheinlichkeit unabhängig von der Anzahl n der in der Urne befindlichen Kugeln ist. Gleichviel, wie gross diese Anzahl ist, immer ist die Wahrscheinlichkeit, aus einer Urne, aus der schon v weisse Kugeln gezogen sind, weitere w weisse Kugeln zu ziehen, gleich

$$\frac{v+1}{v+w+1}.$$

Dieser Wahrscheinlichkeitsbruch wird gerade $\frac{1}{2}$, wenn w gleich $v+1$ ist, dagegen grösser als $\frac{1}{2}$, wenn $w < v+1$ ist, und kleiner als $\frac{1}{2}$, wenn $w > v+1$ ist.

Die voranstehenden Betrachtungen, bei welchen das Ziehen einer weissen Kugel als Beispiel genommen ist, lassen sich natürlich auf alle Verhältnisse übertragen, wo Erscheinungen auftreten, deren Ursachen unbekannt sind. Beispielsweise wollen wir annehmen, dass der auf einige Tage meist stattfindende Kälterückschlag in der ersten Hälfte des Mai ganz unbekannte Ursachen habe und dass derselbe 200 mal nacheinander ohne Unterbrechung beobachtet sei. Dann können wir die beobachtete meteorologische Erscheinung mit dem Ziehen einer Kugel aus einer Urne vergleichen, die viele Kugeln enthält, von denen man nicht weiss, wieviel weiss sind

Nach dem zuletzt abgeleiteten Resultate ist also die Wahrscheinlichkeit, dass der Kälterückschlag wieder eintrete, nachdem er ohne Unterbrechung 200 mal beobachtet ist, gleich

$$\frac{200+1}{200+1+1} = \frac{201}{202},$$

und dass er von nun an 100 Jahre hindurch eintrete, gleich:

$$\frac{200+1}{200+100+1} = \frac{201}{301}.$$

§ 5.

Derjenige, dem zuerst etwas gelingt, hat gewonnen.

Zwei Personen A und B verabreden, dass derjenige einen Einsatz gewinnen soll, der zuerst eine bestimmte Zahl, etwa die Vier, würfelt, und dass A anfangen soll zu würfeln. Es ist ohne weiteres klar, dass A, der das Spiel beginnt, gegenüber B etwas im Vorteil sein muss, und dass demgemäss auch der Gewinneinsatz von A etwas grösser sein müsste als der von B, damit dieser Vorteil ausgeglichen würde. Die mathematische Überlegung ergiebt, dass die Einsätze von A und B sich wie 6 zu 5 verhalten müssen, wenn keiner von beiden im Vorteil sein soll. A gewinnt nämlich, erstens, wenn er gleich zu Anfang das Glück hat, die verabredete Zahl Vier zu werfen, zweitens, wenn sie weder von A noch von B beim ersten Würfeln geworfen wird, dann aber A, als er das zweite Mal zum Würfeln an die Reihe kommt, die Vier wirft, drittens, wenn A sie wirft, als er zum dritten Mal an die Reihe kommt, nachdem sie vorher nicht geworfen ist u. s. w. Da die Wahrscheinlichkeit, die Vier zu werfen, $\frac{1}{6}$ beträgt, und die

Wahrscheinlichkeit, sie nicht zu werfen, $\frac{5}{6}$ ist, so ergiebt sich, dementsprechend:

$$\frac{1}{6}+\frac{5}{6}\cdot\frac{5}{6}\cdot\frac{1}{6}+\frac{5}{6}\cdot\frac{5}{6}\cdot\frac{5}{6}\cdot\frac{5}{6}\cdot\frac{1}{6}+\ldots\ldots$$

$$=\frac{1}{6}\left[1+\left(\frac{5}{6}\right)^2+\left(\frac{5}{6}\right)^4+\left(\frac{5}{6}\right)^6+\ldots\right].$$

wobei die in der eckigen Klammer stehende geometrische Reihe unbegrenzt fortzusetzen ist. Nun lehrt aber die Mathematik, dass, wenn e ein echter Bruch ist, die aus unzählig vielen Gliedern bestehende Reihe:

$$1+e+e^2+e^3+\ldots$$

die Summe $\frac{1}{1-e}$ hat. Also ist die Wahrscheinlichkeit, dass A gewinnt, gleich:

$$\frac{1}{6}\cdot\frac{1}{1-\left(\frac{5}{6}\right)^2}=\frac{1}{6}\cdot\frac{36}{36-25}=\frac{6}{11}.$$

Analog ergiebt sich die Wahrscheinlichkeit, dass B gewinnt, aus:

$$\frac{5}{6}\cdot\frac{1}{6}+\frac{5}{6}\cdot\frac{5}{6}\cdot\frac{5}{6}\cdot\frac{1}{6}+\frac{5}{6}\cdot\frac{5}{6}\cdot\frac{5}{6}\cdot\frac{5}{6}\cdot\frac{5}{6}\cdot\frac{1}{6}+\ldots$$

$$=\frac{5}{36}\left[1+\left(\frac{5}{6}\right)^2+\left(\frac{5}{6}\right)^4+\left(\frac{5}{6}\right)^6+\ldots\right]$$

$$=\frac{5}{36}\cdot\frac{36}{36-25}=\frac{5}{11}.$$

Der Umstand, dass die beiden für A und für B gefundenen Wahrscheinlichkeitsbrüche $\frac{6}{11}$ und $\frac{5}{11}$ die Summe 1 haben, liefert eine Kontrolle der Betrachtungsweise und der Berechnung.

Wenn allgemein w für die beiden Spieler die Wahrscheinlichkeit ist, dass ihnen das verabredete Einzelspiel gelingt, so ergiebt sich in derselben Weise für die Person A, die die Spielserie eröffnet:

$$w + (1 - w)^2 . w + (1 - w)^4 . w + \ldots$$
$$= w [1 + (1 - w)^2 + (1 - w)^4 + \ldots]$$
$$= \frac{w}{1 - (1 - w)^2} = \frac{w}{2w - w^2} = \frac{1}{2 - w}$$

als die Wahrscheinlichkeit, dass sie den Einsatz gewinnt. Für die andere Person B ergiebt sich in derselben Weise die Wahrscheinlichkeit:

$$(1 - w) . w + (1 - w)^3 . w + (1 - w)^5 . w + \ldots$$
$$= (1 - w) w [1 + (1 - w)^2 + (1 - w)^4 + \ldots]$$
$$= \frac{(1 - w) w}{1 - (1 - w)^2} = \frac{(1 - w) w}{2w - w^2} = \frac{1 - w}{2 - w}.$$

Die Einsätze haben sich also wie 1 zu 1 — w zu verhalten, damit keiner der beiden Mitspieler im Vorteil sei.

Wenn nicht zwei, sondern n Personen $A_1, A_2, A_3, \ldots A_n$ sich verabreden, dass derjenige den Einsatz gewinnen soll, der zuerst ein Einzelspiel gewinnt, wenn für jede Person die Wahrscheinlichkeit, ein Einzelspiel zu gewinnen, w beträgt, und wenn die Personen in der durch die Indices angedeuteten Folge an die Reihe kommen, so erhält man in derselben Weise für die i-te Person A_i die Wahrscheinlichkeit, zu gewinnen, gleich

$$\frac{w(1-w)^{i-1}}{1-(1-w)^n} = \frac{(1-w)^{i-1}}{n_1 - n_2 w + n_3 w^2 - \ldots},$$

wo $n_1, n_2, n_3, \ldots$ die in § 1 besprochenen Kombinationszahlen sind. Beispielsweise mögen vier Personen A_1, A_2, A_3, A_4 ein Spiel verabredet haben, bei dem die Wahrscheinlichkeit, zu gewinnen, für jede Person $\frac{1}{2}$ beträgt. Dann ergiebt sich die Wahrscheinlichkeit, zu gewinnen:

$$\text{für } A_1: \frac{1}{4 - 6 \cdot \frac{1}{2} + 4 \cdot \frac{1}{4} - \frac{1}{8}} = \frac{8}{15},$$

$$\text{für } A_2: \frac{4}{15}, \text{ für } A_3: \frac{2}{15}, \text{ für } A_4: \frac{1}{15}.$$

Damit also kein Mitspieler im Nachteil sei, müssen sich die Spieleinsätze wie

8 zu 4 zu 2 zu 1

verhalten. Wenn zweitens 6 Personen der Reihe nach ein Spiel spielen, bei dem die Wahrscheinlichkeit, zu gewinnen, $\frac{1}{6}$ beträgt, wie es z. B. das ist, mit zwei Würfeln einen Pasch zu werfen, so erhält man für die Wahrscheinlichkeiten beziehungsweise:

$$\frac{7776}{31031}, \frac{6480}{31031}, \frac{5400}{31031}, \frac{4500}{31031}, \frac{3750}{31031}, \frac{3125}{31031}.$$

Wenn also derjenige, der von den sechs Personen zuerst einen Pasch würfelt, den ganzen Einsatz gewinnen soll, und dieser 310 ℳ 31 ₰ betragen soll, so hat vor Eröffnung des Spiels die erste Person 77 ℳ 76 ₰, die zweite 64 ℳ 80 ₰, die dritte 54 ℳ, die vierte 45 ℳ, die fünfte 37 ℳ 50 ₰, die sechste 31 ℳ 25 ₰ zum Einsatz beizusteuern. Nur bei diesen Geldbeträgen ist keiner im Vorteil und keiner im Nachteil.

Zu andern Resultaten gelangt man, wenn das Einzelspiel ein solches ist, dass das Gewinnen oder Verlieren desselben von Einfluss auf das nächstfolgende Einzelspiel ist. Beispielsweise mögen zwei Personen A und B abwechselnd eine von den 8 Treffkarten erhalten, A die erste, B die zweite, A die dritte und so fort, und derjenige soll den Einsatz gewinnen, der das Ass erhält. Da die Wahrscheinlichkeit, das Ass aus n Karten zu erhalten, $\frac{1}{n}$ beträgt, und die, es nicht zu erhalten, $\frac{n-1}{n}$, so ergiebt sich für die erste Person A:

$$\frac{1}{8}+\frac{7}{8}\cdot\frac{6}{7}\cdot\frac{1}{6}+\frac{7}{8}\cdot\frac{6}{7}\cdot\frac{5}{6}\cdot\frac{4}{5}\cdot\frac{1}{4}+\frac{7}{8}\cdot\frac{6}{7}\cdot\frac{5}{6}\cdot\frac{4}{5}\cdot\frac{3}{4}\cdot\frac{2}{3}\cdot\frac{1}{2}$$

$$=\frac{1}{8}+\frac{1}{8}+\frac{1}{8}+\frac{1}{8}=\frac{1}{2}$$

als Wahrscheinlichkeit, das Ass zu erhalten. Für die zweite Person B ergiebt sich:

$$\frac{7}{8}\cdot\frac{1}{7}+\frac{7}{8}\cdot\frac{6}{7}\cdot\frac{5}{6}\cdot\frac{1}{5}+\frac{7}{8}\cdot\frac{6}{7}\cdot\frac{5}{6}\cdot\frac{4}{5}\cdot\frac{3}{4}\cdot\frac{1}{3}$$

$$+\frac{7}{8}\cdot\frac{6}{7}\cdot\frac{5}{6}\cdot\frac{4}{5}\cdot\frac{3}{4}\cdot\frac{2}{3}\cdot\frac{1}{2}\cdot\frac{1}{1}=\frac{1}{8}+\frac{1}{8}+\frac{1}{8}+\frac{1}{8}=\frac{1}{2}.$$

In diesem Falle hat also derjenige, der zuerst eine Karte erhält genau soviel Chanzen, wie derjenige, der zu zweit eine Karte erhält. Genau so ist es, wenn man statt 8 jede andere gerade Zahl setzt. Wenn aber die Anzahl der zur Verteilung gelangenden Karten ungerade ist, etwa $2n+1$ und wiederum derjenige gewinnen soll, der eine bestimmte von den $2n+1$ Karten erhält, so hat derjenige, der zuerst eine Karte erhält, etwas mehr Chanzen als der andere, weil die Wahrscheinlichkeit, die bestimmte Karte zu erhalten, für ihn $\frac{n+1}{2n+1}$ beträgt, während sie für den Mitspieler $\frac{n}{2n+1}$ beträgt.

Wenn allgemein n Karten zur Verteilung gelangen, wenn A die erste, B die zweite, A die dritte Karte u. s. w. erhält, und wenn derjenige gewinnen soll, der zuerst eine von gewissen $n-v$ Karten erhält, während jede der übrigen v Karten keinen Gewinn bringen soll, so erhält man als Wahrscheinlichkeit, dass zuerst A eine der Gewinn bringenden Karten erhält:

$$\frac{n-v}{n}+\frac{v}{n}\cdot\frac{v-1}{n-1}\cdot\frac{n-v}{n-2}$$
$$+\frac{v}{n}\cdot\frac{v-1}{n-1}\cdot\frac{v-2}{n-2}\cdot\frac{v-3}{n-3}\cdot\frac{n-v}{n-4}+\ldots$$

In diesen Ausdruck kann man die in § 1 eingeführten Kombinationszahlen einführen und erhält dadurch:

$$(n-v)\left[\frac{1}{n_1}+\frac{v_2}{3\,.\,n_3}+\frac{v_4}{5\,.\,n_5}+\ldots\right].$$

In ähnlicher Weise ergiebt sich für die Wahrscheinlichkeit, dass B eine der Gewinn bringenden Karten erhält:

$$\frac{v}{n} \cdot \frac{n-v}{n-1} + \frac{v}{n} \cdot \frac{v-1}{n-1} \cdot \frac{v-2}{n-2} \cdot \frac{n-v}{n-3} + \ldots$$

$$= (n-v)\left[\frac{v_1}{2n_2} + \frac{v_3}{4n_4} + \frac{v_5}{6n_6} + \ldots\right].$$

Der Umstand, dass die Summe der beiden abgeleiteten Wahrscheinlichkeitsbrüche, die Gewissheit, also 1, ergeben muss, führt zu der merkwürdigen Beziehung:

$$\frac{1}{n-v} = \frac{1}{n_1} + \frac{v_1}{2 \cdot n_2} + \frac{v_2}{3 \cdot n_3} + \frac{v_3}{4 \cdot n_4} + \ldots,$$

die auch aus der Theorie der Kombinationszahlen beweisbar ist. Es erübrigt noch, zu den beiden allgemein bestimmten Wahrscheinlichkeitsbrüchen ein Zahlenbeispiel hinzuzufügen. Wiederum mögen unter zwei Spielern A und B die 8 Treffkarten von Ass bis Sieben so verteilt werden, dass A die erste, B die zweite, A die dritte Karte u. s. w. erhält. Derjenige aber soll gewonnen haben, der zuerst das Ass, den König, die Dame oder den Buben erhält. Es ist dann $n = 8$, $v = 4$ zu setzen, und es ergiebt sich für A die Wahrscheinlichkeit:

$$4 \cdot \left[\frac{1}{8} + \frac{6}{3 \cdot 56} + \frac{1}{5 \cdot 56}\right] = \frac{23}{35},$$

für B dagegen:

$$4\left[\frac{4}{2 \cdot 28} + \frac{1}{4 \cdot 70}\right] = \frac{12}{35}.$$

A hat also rund $\frac{2}{3}$, B $\frac{1}{3}$ Wahrscheinlichkeit, eine der angegebenen Karten zuerst zu erhalten.

Die Verallgemeinerung des Problems von zwei Spielern auf m Spieler bietet keine grösseren Schwierigkeiten. Wenn wieder n die Zahl der zur Verteilung gelangenden Karten ist und $n - v$ Karten Gewinn bringen, die übrigen v aber Verlust, so ist die Wahrscheinlichkeit, zu gewinnen, für den, der die erste Karte erhält, gleich:

$$(n - v)\left[\frac{1}{1 \cdot n_1} + \frac{v_m}{(m + 1)\, n_{m+1}} + \frac{v_{2m}}{(2m + 1)\, n_{2m+1}} + \ldots\right],$$

für den Spieler, der die zweite Karte bekommt:

$$(n - v)\left[\frac{v_1}{2 \cdot n_2} + \frac{v_{m+1}}{(m + 2)\, n_{m+2}} + \frac{v_{2m+1}}{(2m + 2)\, n_{2m+2}} + \ldots\right]$$

u. s. w.

Als Beispiel zu dieser Verallgemeinerung wählen wir die beim Skatspiel übliche Methode, um denjenigen zu bestimmen, der zuerst die Karten geben soll. Diese Methode besteht darin, dass ein beliebiger der drei Mitspieler die 32 Karten nimmt, dem links von ihm sitzenden Spieler die erste Karte giebt, dem dann folgenden die zweite, sich selbst die dritte Karte und so fort. Derjenige muss dann die Karten verteilen, bei dem zuerst ein Bube hinfällt. Man erkennt sofort, dass die Wahrscheinlichkeiten, geben zu müssen, nicht für alle drei Mitspieler gleich sind, sondern dass der links sitzende Spieler die grössten Chancen dafür hat, während der, welcher die dritte Karte hat, am wenigsten hat. Um die Chancen rechnerisch genau angeben zu konnen, haben wir nur in dem obigen allgemeinen Resultate $n = 32$, $v = 28$, $m = 3$ zu setzen. Dann erhalten wir für den Spieler A, der die erste Karte erhalten hat, als Wahrscheinlichkeit, geben zu müssen, das, was sich aus dem folgendem Ausdruck ergiebt:

$$4\left[\frac{1}{1.32_1}+\frac{28_3}{4.32_4}+\frac{28_6}{7.32_7}+\ldots\right]$$

$$=4\left[\frac{1}{32}+\frac{28.27.26}{32.31.30.29}+\frac{25.24.23}{32.31.30.29}\right.$$

$$\left.+\ldots\frac{4.3.2}{32.31.30.29}\right]$$

$$=\frac{31_3+28_3+25_3+\ldots+4_3}{32_4}.$$

Für den Spieler A_2, der die zweite Karte erhält, ergiebt sich als die Wahrscheinlichkeit, geben zu müssen, in ähnlicher Weise:

$$\frac{30_3+27_3+24_3+\ldots+3_3}{32_4},$$

und für den Spieler A_3, der die dritte Karte erhält:

$$\frac{29_3+26_3+23_3+\ldots+5_3}{32_4}.$$

Die Ausrechnung dieser drei aus Kombinationszahlen bestehenden Ausdrücke ergab dem Verfasser:

für A_1: $\frac{13585}{35960}$ oder 38 Prozent;

für A_2: $\frac{11935}{35960}$ oder 33 Prozent;

für A_3: $\frac{10440}{35960}$ oder 29 Prozent.

§ 6.

Glaubwürdigkeitsprobleme.

A sagt unter zehn Malen nur 6 mal, B unter zehn Malen nur 7 mal die Wahrheit. Über eine Sache, bei der es sich nur um ja oder nein handelt, berichten A und B übereinstimmend an C. Mit welcher Wahrscheinlichkeit darf C annehmen, dass die Sache so ist, wie ihm berichtet wird? Um diese Frage zu beantworten, haben wir daran zu denken, dass unter zehnmalzehn Paaren von Aussagen von A und von B 6 mal 7 oder 42 Paare sind, wo beide die Wahrheit sagen, 12, wo beide lügen, 18, wo A die Wahrheit sagt und B lügt und endlich 28, wo A lügt und B die Wahrheit sagt. Da A und B übereinstimmend berichten, so können sie nur beide die Wahrheit sagen oder beide lügen. Wir haben also $42 + 12$ oder 54 mögliche Fälle, von denen 42 dafür günstig sind, dass C die Wahrheit hört. Also hat C dem übereinstimmenden Berichte von A und von B mit $\frac{42}{54}$ oder $\frac{21}{27}$ oder rund 78 Prozent Glauben zu schenken. Wenn also allgemein A_1 unter $t_1 + l_1$ Malen t_1 mal die Wahrheit spricht und l_1 mal lügt, A_2 unter $t_2 + l_2$ Malen t_2 mal die Wahrheit sagt und l_2 mal lügt, so hat eine dritte Person.

die von beiden dasselbe hört, dies mit der Wahrscheinlichkeit

$$\frac{t_1 \,.\, t_2}{t_1 \,.\, t_2 + l_1 \,.\, l_2}$$

zu glauben. Wenn man daher mit w_1 bezw. w_2 die Wahrscheinlichkeit bezeichnet, dass A_1 bezw. A_2 die Wahrheit reden, so hat ein übereinstimmender Bericht beider die Glaubwürdigkeit:

$$\frac{\frac{t_1}{m_1} \,.\, \frac{t_2}{m_2}}{\frac{t_1}{m_1} \,.\, \frac{t_2}{m_2} + \frac{m_1 - t_1}{m_1} \,.\, \frac{m_2 - t_2}{m_2}},$$

das heisst:

$$\frac{w_1 \,.\, w_2}{w_1 \,.\, w_2 + (1 - w_1)(1 - w_2)}.$$

Wenn allgemein bei n Personen $A_1, A_2, \ldots A_n$ die Person A_i immer mit der Wahrscheinlichkeit w_i die Wahrheit redet, so hat ein übereinstimmender Bericht aller n Personen die Glaubwürdigkeit:

$$\frac{w_1 \,.\, w_2 \,\ldots\, w_n}{w_1 \,.\, w_2 \ldots w_n + (1 - w_1)(1 - w_2) \ldots (1 - w_n)}.$$

Wenn insbesondere für alle n Personen die gleiche Wahrscheinlichkeit w, die Wahrheit zu sagen, gilt, ergiebt sich:

$$\frac{w^n}{w^n + (1 - w)^n}$$

für die Glaubwürdigkeit eines bei allen n Personen

übereinstimmenden Berichtes. Wenn hierbei $w = \frac{1}{2}$ ist, so sagt uns schon eine einfache Überlegung, dass die Glaubwürdigkeit des Berichts immer $\frac{1}{2}$ bleiben muss, wie gross auch die Zahl n der berichtenden Personen sei. Unsere Formel zeigt dasselbe, da aus ihr wird:

$$\frac{\left(\frac{1}{2}\right)^n}{\left(\frac{1}{2}\right)^n + \left(\frac{1}{2}\right)^n} = \frac{1}{2}.$$

Wenn w aber grösser als $\frac{1}{2}$ ist, so steigt die Glaubwürdigkeit des übereinstimmenden Berichtes mit der Zahl n der berichtenden Personen, und wird für $n = \infty$ zur Gewissheit. Denn für $w > \frac{1}{2}$ und $n = \infty$ nähert sich $(1 - w)^n$ der Zahl Null. Wenn zweitens w kleiner als $\frac{1}{2}$ ist, so sinkt die Glaubwürdigkeit des Berichtes mit wachsendem n und wird für $n = \infty$ schliesslich Null. Je grösser also dann die Zahl der Personen ist, die mir dasselbe aussagen, um so weniger habe ich darauf zu bauen, dass es wahr ist.

In der voranstehenden Erörterung war vorausgesetzt, dass die Berichte der berichtenden Personen unabhängig von einander waren. Wenn aber nur die erste Person A_1 das Ja oder Nein zu sagen in der Lage ist, an A_2 berichtet, und A_2 dann an B berichtet, so hat B den Bericht in zwei Fällen für wahr zu halten, erstens, wenn A_1 und A_2 beide die Wahrheit sagen, zweitens, wenn sie beide lügen. Bezeichnen also wieder w_1 und w_2 die Wahrscheinlichkeit, dass A_1 bezw. A_2 die Wahrheit sagen, so erhält man:

$$w_1 . w_2 + (1 - w_1) . (1 - w_2)$$

als Mass der Glaubwürdigkeit dessen, was A_2 an B sagt. Dies ergiebt z. B. für $w_1 = \frac{6}{10}$, $w_2 = \frac{7}{10}$:

$$\frac{6}{10} \cdot \frac{7}{10} + \frac{4}{10} \cdot \frac{3}{10} = \frac{54}{100} \text{ oder 54 Prozent.}$$

Auch dieses Problem einer Bericht k e t t e lässt sich leicht auf n Personen $A_1, A_2, A_3, \ldots A_n$ ausdehnen. Wir wollen aber dabei, der Einfachheit wegen, annehmen, dass $w_1 = w_2 = w_3 = \ldots. = w$ sei. Wenn dann A_1 an A_2, A_2 an A_3, A_3 an A_4 u. s. w. berichtet, so dass schliesslich die n-te Person A_n an B berichtet, so erfährt B in folgenden Fällen die Wahrheit, erstens, wenn alle n Personen die Wahrheit sagen, zweitens, wenn irgend welche zwei unter ihnen lügen, die übrigen $n - 2$ die Wahrheit sagen, drittens, wenn irgend welche vier von ihnen lügen, die übrigen $n - 4$ die Wahrheit sagen, u. s. w. Man vergesse dabei nicht, dass es sich bei dem Bericht immer nur um ja oder nein handeln soll. Da B die Wahrheit hört, gleichviel welche zwei oder welche vier u. s. w. Personen lügen, so treten in den Ausdruck für die gesuchte Wahrscheinlichkeit auch die in § 1 erörterten Kombinationszahlen ein und zwar mit einem geraden Index. Hiernach erhalten wir:

$w^n + n_2 \cdot w^{n-2} \cdot (1-w)^2 + n_4 \cdot w^{n-4} \cdot (1-w)^4 + \ldots$ für die Wahrscheinlichkeit, dass bei jener Berichtkette B von A_n die Wahrheit hört. B hört aber das Gegenteil der Wahrheit, wenn eine ungerade Anzahl der n Personen lügt. Also ergiebt sich als Wahrscheinlichkeit, dass B die Unwahrheit hört:

$$n_1 \cdot w^{n-1} \cdot (1-w) + n_3 \cdot w^{n-3} \cdot (1-w)^3 + n_5 \cdot w^{n-5} \cdot (1-w)^5 + \ldots$$

Die Summe beider Ausdrücke ergiebt 1, weil diese Summe die binomische Entwickelung von

$$[w + (1-w)]^n = 1^n$$

ist. Wenn $w = \frac{1}{2}$ ist, ergiebt sich auch bei diesem Problem stets $\frac{1}{2}$, wie gross auch n sein möge. Denn:

$$1 + n_2 + n_4 + n_6 + \ldots$$

ist stets die (n — 1)-te Potenz der Zahl Zwei.

Als erstes Beispiel nehmen wir $n = 10$, $w = \frac{2}{3}$. Dann kommt:

$$\left(\frac{2}{3}\right)^{10} + 10_2 \cdot \left(\frac{2}{3}\right)^8 \cdot \left(\frac{1}{3}\right)^2 + 10_4 \cdot \left(\frac{2}{3}\right)^6 \cdot \left(\frac{1}{3}\right)^4 + 10_6 \cdot \left(\frac{2}{3}\right)^4 \cdot \left(\frac{1}{3}\right)^6 + 10_8 \cdot \left(\frac{2}{3}\right)^2 \cdot \left(\frac{1}{3}\right)^8 + 10_{10} \cdot \left(\frac{1}{3}\right)^{10}$$

$$= \frac{2^{10} + 45 \,.\, 2^{8} + 210 \,.\, 2^{6} + 210 \,.\, 2^{4} + 45 \,.\, 2^{2} + 1}{3^{10}}$$

$$= \frac{29525}{59049}$$

als die Wahrscheinlichkeit, dass B von A_n die Wahrheit hört.

Für die Wahrscheinlichkeit, dass er die Unwahrheit hört, erhält man:

$$\frac{10 \,.\, 2^{9} + 120 \,.\, 2^{7} + 252 \,.\, 2^{5} + 120 \,.\, 2^{3} + 10 \,.\, 2^{1}}{3^{10}}$$

$$= \frac{59524}{29049}.$$

Auffällig ist, dass diese Brüche sich nur so wenig unterscheiden, also beide nahezu $\frac{1}{2}$ sind. Ferner ist zu bemerken, dass die Wahrscheinlichkeit, dass B von A_n die Wahrheit hört, bei geradem n, wenn $w = \frac{2}{3}$ ist, ebenso gross ist, als wenn $w = \frac{1}{3}$ ist. Bei geradem n geht nämlich der von uns abgeleitete Ausdruck in sich selbst über, wenn man $1 - w$ statt w und w statt $1 - w$ setzt.

In einem zweiten Beispiel nehmen wir $n = 5$, $w = \frac{9}{10}$ an. Dann erhalten wir:

$$\left(\frac{9}{10}\right)^{5} + 5_{2} \,.\, \left(\frac{9}{10}\right)^{3} \,.\, \left(\frac{1}{10}\right)^{2} + 5_{4} \,.\, \left(\frac{9}{10}\right)^{1} \,.\, \left(\frac{1}{10}\right)^{4}$$

$$= \frac{9^5 + 10 \,.\, 9^3 + 5 \,.\, 9}{10^5} = \frac{66384}{100000} \text{ oder 66 Prozent}$$

für die Wahrscheinlichkeit, dass B von A_n die Wahrheit hört, während sich:

$$\frac{5 \,.\, 9^4 + 10 \,.\, 9^2 + 1}{10^5} = \frac{33616}{100000} \text{ oder 34 Prozent}$$

für die Wahrscheinlichkeit ergiebt, dass B von A_n die Unwahrheit hört.

Herrosé & Ziemsen, Gräfenhainichen.

FSC
www.fsc.org
MIX
Papier | Fördert gute Waldnutzung
FSC® C083411

Zeitfracht Medien GmbH
Ferdinand-Jühlke-Straße 7
99095 Erfurt, Deutschland
produktsicherheit@kolibri360.de